AF468666

4S 923

TABLEAUX DE ZOOLOGIE

(Classification)

PAR

M. Charles BRONGNIART

LICENCIÉ ÈS-SCIENCES NATURELLES

PRÉPARATEUR DE ZOOLOGIE AU MUSÉUM D'HISTOIRE NATURELLE

ET A L'ÉCOLE SUPÉRIEURE DE PHARMACIE DE PARIS

1ER FASCICULE

DEUXIÈME ÉDITION

PARIS 1887

EN VENTE CHEZ

M. HERMANN, Libraire, 8, Rue de la Sorbonne

Prix : **3** *francs*

Autog. O. Laroche et ses Fils, 11, rue Madame

Imp. H. de Borniol, 68 rue des Sts-Pères

TABLEAUX DE ZOOLOGIE

(Classification)

PAR

M. Charles BRONGNIART

LICENCIÉ ÈS-SCIENCES NATURELLES

PRÉPARATEUR DE ZOOLOGIE AU MUSÉUM D'HISTOIRE NATURELLE

ET A L'ÉCOLE SUPÉRIEURE DE PHARMACIE DE PARIS

1 FASCICULE

DEUXIÈME ÉDITION

PARIS 1887

EN VENTE CHEZ

M. HERMANN, Libraire, 8, Rue de la Sorbonne

4° S 905

Singes ou Simiens

Mammifères ayant des mamelles pectorales. Dentition $\frac{2.1.5.(6)}{2.1.5.(6)}$. Gros orteil des membres antérieurs et postérieurs généralement opposable. Orbites complètes. Ongles des doigts aplatis (sauf chez les Hapalides). Verge pendante et testicules renfermées dans un Scrotum. Placenta discoïde simple ou double, utérus simple. Hémisphères cérébraux présentant des circonvolutions et couvrant le cervelet.

Singes de l'ancien monde ou Catarrhiniens ou Pithéciens.

Cloison nasale étroite, 32 dents $\left(\frac{2.1.2.3}{2.1.2.3}\right)$. Queue longue jamais préhensile ni capable de s'enrouler ; elle peut être rudimentaire ou même manquer. Mains bien conformées, excepté dans le genre Colobe qui est privé de pouce. Pieds préhensiles. Doigts et orteils pourvus d'ongles plats. Présentent le plus souvent des abajoues et des callosités aux fesses.

- **Anthropomorphes** pas de queue, pas de callosités, membres antérieurs plus long que les postérieurs, appendice cæcal.
  - Dolicocéphale, oreilles petites ; membres antérieurs descendant jusqu'à la rotule. Dernière molaire inférieure avec trois tubercules externes et 2 internes. — Gorilla engena. Gorille. Gabon.
  - Dolicocéphale, oreilles grandes et écartées, membres antérieurs descendant jusqu'aux genoux. Dernière molaire inférieure avec 4 tubercules. — Troglodytes niger. Chimpanzé. Guinée.
  - Brachycéphale ; oreilles petites, bras descendant jusqu'aux malléoles. Dernière molaire inférieure avec 4 tubercules. — Satyrus orang. Orang-Outang. Bornéo.
- **Hylobatides.** Tête petite, arrondie, corps élancé, membres antérieurs, touchant presque à terre lorsque l'animal est debout ; callosités très petites, pas d'abajoues, pas de queue. — Hylobates. Gibbons. Inde.
- **Semnopithèques.** Formes grêles ; membres longs, queue longue, pouces des mains antérieures courts ou absents ; museau court ; pas de vraies abajoues, callosités petites. Estomac divisé en trois parties par des étranglements.
  - Semnopithecus entellus. Entelle. Vénéré par les Hindous. Inde.
  - Semnopithecus nasicus. Nasique. Bornéo.
  - Colobus guereza. Colobe. Abyssinie.
- **Cercopithèques ou guenons.** Formes légères et gracieuses, abajoues, callosités très développées. Queue de longueur variable, non terminée par une touffe de poils.
  - Cercopithecus sabæus. Callitriche. Afrique Occidentale.
  - Innus. Magot. Nord de l'Afrique et rocher de Gibraltar.
  - Macacus. Macaque. Asie et Nord de l'Afrique.
- **Cynocéphalides.** Corps trapu, lourd. Museau saillant comme celui du chien ; narines placées à l'extrémité du museau. Canines très grosses. Queue courte ou de taille moyenne. Des abajoues et de grandes callosités.
  - Queue réduite à un moignon ; narines saillantes, joues profondément sillonnées.
    - Papio leucophæus. Mandrille.
    - Papio Mormon. Papion.
    - Tous deux côte occidentale d'Afrique.
  - Queue terminée par des poils touffus, museau très allongé.
    - Cynocephalus babuin. Babouin. Abyssinie et Kordofan.
    - Cynocephalus. Hamadryas. Nubie et Abyssinie.

Singes du nouveau monde ou Platirrhiniens ou Cébiens.

Cloison nasale large narines écartées ; 36 dents $\frac{2.1.3.3}{2.1.3.3}$ ou 32 dents $\frac{2.1.3.2}{2.1.3.2}$. Corps long et grêle, queue longue, souvent prenante. Pas d'abajoues, ni de callosités. Pouce antérieur jamais opposable au même degré que le gros orteil. Quelques uns possèdent au larynx des poches creusées dans les hyoïdes qui servent à renforcer la voix.

- **Cébides.** Queue s'enroulant autour des branches, sans être préhensile entièrement recouverte de poils ou nue à l'extrémité.
  - Queue préhensile, os hyoïde vésiculeux pouce bien développé ; canines grosses. — Mycetes niger. Hurleur. Brésil.
  - Longue queue préhensile. pouce rudimentaire ou nul. — Ateles. Brésil.
  - Queue entièrement couverte de poils et s'enroulant. — Cebus Sajou. Guyane.
- **Pithécides.** Queue non préhensile entièrement couverte de poils.
  - Grands yeux saillants. Cloison nasale rétrécie. Narines s'ouvrant vers le bas. 8 vertèbres lombaires. Nocturnes. — Nyctipithèques. N^lle^ Grenade.
  - Mâchoire inférieure élevée, canines grosses, crâne élevé et bombé, longue queue velue.
    - Pithecia satanas.
    - Saki satan. Brésil.
- **Hapalides.** Système dentaire $\left(\frac{2.1.3.2}{2.1.3.2}\right)$ singes petits ; queue longue et touffue ; des griffes. Tête arrondie. Cerveau relativement considérable, mais sans circonvolutions.
  - Fourrure soyeuse. Incisives inférieures disposées en ligne courbe. — Hapale jachus. Ouistiti. Brésil.
  - Incisives inférieures disposées en ligne droite. — Midas rosalia. Singe lion. Brésil.

Autog. C. Laroche et ses Fils, r. Madame, Paris

Cheiroptères Mammifères à dentition complète membranes cutanées diformes entre les doigts allongés de la main et entre les membres et les parties latérales du tronc. Deux mamelles pectorales. Souvent une crête sur le sternum. Vue généralement moins développée que l'odorat le tact et l'ouïe. Utérus simple ou bicorne. Placenta discoïde. Verge pendante.	**Frugivores**. Museau long, oreilles petites sans appendices membraneux ; yeux assez grands ; langue garnie de pointes cornées dirigés en arrière. Se nourrissent de fruits.		**Ptéropides**. Corps gros comme celui d'un rat, tête allongée ; queue rudimentaire ; 2 ou 4 incisives caduques, canines $\frac{1}{1}$; 4 à 6 molaires	Pteropus edulis. Pteropus Edwardsii Roussettes.	Indes et Madagascar
	Insectivores Museau court, oreilles grandes souvent munies de valves. Molaires à tubercules tranchants. Yeux petits et enfoncés. Se nourrissent d'insectes ou de sang de petits mammifères	**Gymnorhiniens** Nez lisse ; intermaxillaire échancré au milieu et soudé avec les maxillaires supérieurs, oreilles soudées ou séparées. Se nourrissent d'insectes.	**Vespertilionides**. Queue longue et mince entièrement entourée par la membrane interfémorale.	Plecotus auritus : oreillard oreilles soudées, dents $\frac{2.1.2\text{-}3\,(2\text{-}4)}{3.1.3\text{-}4\,(2\text{-}4)}$	Europe
				Synotus barbastellus barbastelle oreilles soudées, dents $\frac{2.1.2\text{-}3}{3.1.2\text{-}3}$.	Europe
				Vespertilio murinus : murin. oreilles séparées, dents $\frac{2.1.2\text{-}3}{3.1.3\text{-}3}$.	Europe
				Vesperugo pipistrellus : Pipistrelle molaires $\frac{5}{5}$.	Europe
			Molossides. Corps trapu, queue épaisse et dépassant la membrane interfémorale.	Molossus. Molosse. Pays chauds	
		Phyllorhiniens. Nez présentant des excroissances cutanées ; intermaxillaire non soudé avec les maxillaires, oreilles séparées. Se nourrissent en partie du sang des petits vertébrés supérieurs, qu'ils sucent pendant leur sommeil.	**Rhinolophides**. Oreilles séparées, dépourvues de tragus. Molaires avec des plis en forme de W.	Rhinolophus ferrum equinum. Fer à cheval. Dentition $\frac{1.1.2.3}{2.1.3.3}$. Europe et Asie.	
			Phyllostomides. Tête épaisse, langue longue, feuille nasale, d'ordinaire avec l'appendice en fer de lance dressé. Oreilles presque toujours séparées et pourvues d'une valvule. Système dentaire : $\frac{2.1.5}{2.1.5}$	Phyllostoma hastatum Phyllostome. Vampyrus spectrum Vampire.	Amérique Centrale Brésil.

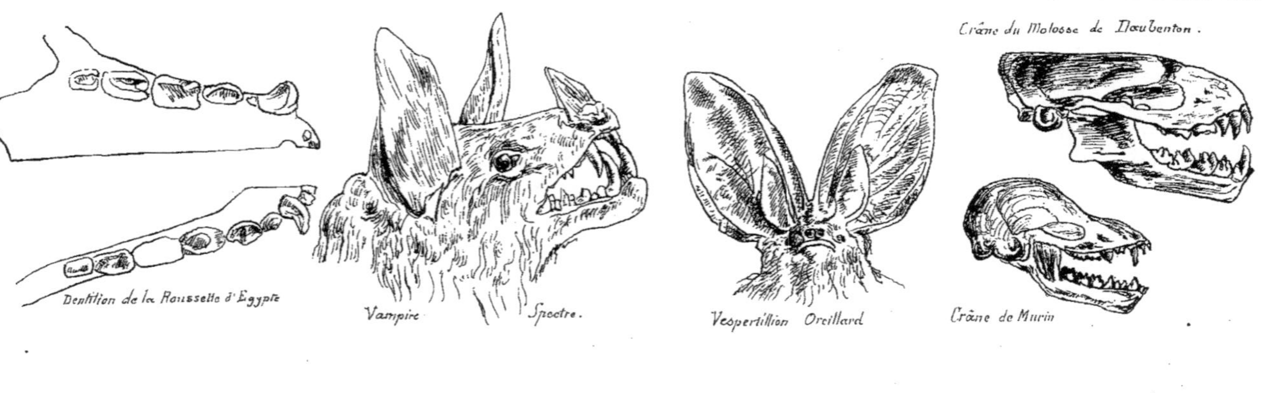

Dentition de la Roussette d'Egypte

Vampire Spectre.

Vespertillion Oreillard

Crâne du Molosse de Daubenton.

Crâne de Murin

Insectivores. Mammifères plantigrades; doigts armés de griffes; système dentaire complet; incisives grosses, canines souvent peu distinctes des prémolaires; nombreuses molaires hérissées de tubercules pointus, mamelles ventrales, placenta discoïde, clavicules fortes. Tête souvent terminée par un museau allongé, très pointu souvent muni de glandes. Oreilles externes grandes ou atrophiées. Yeux généralement petits ou cachés sous la peau. Vivent à la surface du sol ou sous terre, sur les arbres ou dans l'eau.

- **Erinacéïdes.** Yeux bien développés, oreilles assez longues; queue généralement courte, canines pas toujours distinctes; dos revêtu de piquants. Sont terrestres se creusent des trous. Vivent d'insectes, de fruits q.q. fois de petits vertébrés.
  - **Erinacéiens.** Crâne avec des arcades zygomatiques. Molaires à tubercules arrondis. — 36 dents $\frac{3.7.}{3.5.}$. Dos couvert de piquants de soies et de poils. Le corps peut se rouler en boule. Molaires proprement dites formées de deux parties prismatiques. Queue courte. — Erinaceus Europeus. Hérisson Europe et Asie. D'autres espèces se rencontrent en Afrique et à Sumatra.
  - **Centétiens.** Crâne sans arcade zygomatique. Molaires étroites et pointues. Queue longue dans le genre Solenodon. — Museau allongé en forme de trompe; queue nulle; piquants moins développés que chez le hérisson, ne se roule pas en boule; molaire avec une couronne simple, prismatique. — Centetes ecaudatus. Tanrec. Madagascar.
- **Soricides.** Forme svelte, mufle pointu en forme de trompe, pelage souple. Queue à poils courts généralement. 4 incisives, les 2 médianes souvent très longues, les canines n'existent pas toujours; 3 à 5 prémolaires et 3 ou 4 molaires à 4 ou 5 tubercules.
  - **Tupayiens** ressemblent aux écureuils; queue touffue : dents $\frac{2.1.6}{3.1.6}$; se nourissent d'insectes et de fruits. — Cladobates Tupaia Bornéo
  - **Macroscéliens.** Longue trompe nue. Jambes postérieures très longues, dents $\frac{3.1.6}{3.1.6}$. — Macroscelides typicus Afrique Méridionale.
  - **Soriciens.** Glandes à odeur musquée sur les côtés du corps et à la naissance de la queue.
    - Yeux petits 28 à 32 dents. Se creusent des galeries... Sorex vulgaris. Musaraigne Europe
    - Longue trompe, 44 dents. Doigts armés de fortes griffes et palmés. Aquatiques; ont des glandes musquées sous la base de la queue. — Myogale moschata. Desman de Russie. Myogale pyrenaica. Desman des Pyrénées.
- **Talpides.** Forme allongée et cylindrique. Cou non apparent, membres courts, les antérieurs dirigés en dehors, organisés pour fouir. Yeux et pavillons des oreilles atrophiés. Pelage très doux. Nez quelquefois prolongé en trompe. — 44 dents $\frac{3.1.3.4}{4.1.2.4}$, les vrais molaires formées de deux parties prismatiques. Vivent de vers et d'insectes. — Talpa Europaea Taupes, Talpa coeca — Europe.

Dentition du Hérisson

Crâne de Tanrec

Dentition de la Taupe

Humérus de Taupe

Patte antérieure de Taupe.

Crâne de Tupaia ferrugineux

Patte de Macroscélides fuscus.

Crâne de Sorex araneus

Queue de Desman de Moscovie.

Autog. C. Laroche & ses Fils, 11, r. Madame, Paris.

Carnivores.

Mammifères Carnassiers ; à système dentaire composé de $\frac{3}{3}$ incisives ; $\frac{1}{1}$ canines très saillantes, de prémolaires pointues, d'une carnassière tranchante et d'un petit nombre de molaires tuberculeuses, à doigts armés de griffes puissantes, munis ou non de clavicules rudimentaires. Arcade zygomatique très écartée de la tête. Doigts à ongles rétractiles ou non : pattes ne reposant sur le sol que par les doigts (digitigrades) ou sur tout le pied (Plantigrades).
Intestin court, le cæcum manque souvent ; mâle ayant souvent un os pénial. Utérus bicorne et placenta zonaire.

Félides. Digitigrades ; tête arrondie ; dentition $\frac{3}{3}, \frac{1}{1}, \frac{4}{3}$; les molaires sont tranchantes à l'exception de la 4e de la mâchoire supérieure qui est petite et tuberculeuse. Langue présentant des papilles cornées dures. Pattes antérieures (5 doigts), postérieures (4 doigts), armés d'ongles tranchants et rétractiles animaux très agiles, quelques uns peuvent grimper aux arbres.
Le Guépard n'a pas les ongles aussi rétractiles que les autres Félides, il se rapproche en cela un peu des Canides.

Felis leo	Lion	Ancien monde
Felis concolor	Couguar	Amérique
Felis tigris	Tigre	Asie
Felis onca	Jaguar	Amérique sud
Felis pardus	Panthère	Asie et Afrique
Felis catus	Chat sauvage	Europe
Felis jubata	Guépard	Inde
Felis serval	Chat serval	Sénégal
Lynx lynx	Lynx	Europe sept.
Lynx caracal		Perse

Hyénides. Digitigrades, tête épaisse ; pieds généralement à 4 doigts non rétractiles. Dentition rappelant celle des Félides. Les canines sont plus courtes. Se nourrissent de charognes.

Hyæna striata	Hyène rayée	Afrique et Inde
Hyæna crocuta	Hyène tachetée	Afrique mérid.

Canides. Digitigrades. Pieds antérieurs d'ordinaire à 5 doigts, postérieurs à 4 doigts, aux ongles non rétractiles. Dentition $\frac{3}{3}, \frac{1}{1}, \frac{3\ 1\ 2\ (3)}{4\ 1\ 2\ (3)}$.

Canis lupus	Loup	Europe, Asie
Canis latrans	Loup des prairies	Amérique
Canis aureus	Chacal	Ancien monde
Canis familiaris	Chien	Partout
Canis Vulpes	Renard	Ancien monde
Canis Lagopus	Isatis	Nord Europe et Asie
Megalotis cerdo	Fenec	Nubie

Viverrides. Forme allongée, museau pointu ; à demi plantigrades, ongles entièrement ou à demi rétractiles. Dentition $\frac{3.1}{3.1} \frac{3 \quad 1\ 2}{3\ (4)\ 1\ 1}$; glandes à produit musqué. Peuvent presque tous monter aux arbres.

Viverra civetta	Civette	Afrique
Viverra genetta	Genette	Afrique
Herpestes	Mangoustes	Afrique

Mustélides. Plantigrades ou à demi plantigrades ; pattes courtes ; pieds à 5 doigts armés de griffes, le plus souvent non rétractiles. Dentition $\frac{3.1}{3.1} \frac{3\ 2\ (4)}{3\ (4)} \frac{1}{1.(2)}$; glandes anales à odeur désagréable.

Meles taxus	Blaireau	Europe
Mephitis	Moufettes	Amérique
Mustela	Martes	Europe, Asie, Amérique
Putorius	Putois	Europe, Asie, Amérique
Lutra	Loutre	Europe, Asie, Afrique, Amérique
Enhydris	Kamtschatka	Europe, Asie, Afrique, Amérique

Ursides. Plantigrades trapus : plante des pieds larges, nue (excepté chez l'ours blanc) 5 doigts ; queue rudimentaire, courte ou longue et prenante (Kinkajou). Système dentaire $\frac{3}{3} \frac{1}{1} \frac{3\ (2)\ 1\ 2}{4\ (3)\ 1\ 2\ (1)}$.

Ursus	Ourse	sous toutes les latitudes
Procyon	Ratons	Amérique sept.
Nasua	Coatis	Brésil
Arctoleptes	Kinkajous	Guyane Pérou.

Amphibiens

Corps couvert de poils lisses et courts vivant dans l'eau, pieds à 5 doigts transformés en nageoires dont les postérieurs dirigés en arrière.
Système dentaire complet, queue rudimentaire.
Tête petite et sphérique (sauf chez les morses).
Utérus bicorne et placenta zonaire, 3 ou 4 mamelles ventrales.

1. **Phocides.** Dentition : Incisives $\frac{3}{2}$ ou $\frac{2}{1}$. Canines $\frac{1}{1}$ peu saillantes en bas ; molaires $\frac{6 \text{ ou } 5}{5}$ à tubercules pointus, dont une ou deux sont de vraies molaires ; les membres ne portent pas le corps. Les mâles vivent au milieu d'un nombreux troupeau de femelles. Petits revêtus de laine.

Phoca	Phoque	Régions du Nord.
Otaria	Otarie	Amérique méridionale Groënland Océan Antarctique.

2. **Trichéchides.** Dentition complète, dans le jeune âge seulement ; première dentition $\frac{3}{3} \frac{1}{1} \frac{5\ (4)}{4}$ Deuxième dentition $\frac{2\ (1)}{1\ (0)} \frac{1}{0} \frac{3\ (4)}{3\ (4)}$, canines très longues. Corps lourd, queue courte et aplatie. S'appuient sur leurs membres qui sont courts. Petits revêtus de poils rigides. 1 seul genre ; 1 seule espèce.

Trichecus rosmarus Morse, vache marine.	Mer polaire septentrionale.

Autog. C. Laroche & ses Fils, 11, r. Madame, Paris.

Rongeurs. Doigts mobiles armés d'ongles. Système dentaire composé de $\frac{1(2)}{1}$ incisives taillées en biseau ; de molaires à replis transversaux et dépourvu de canines. Dents à croissance continue. Placenta discoïde.

- **Anormaux**. Incisives $\frac{2}{1}$.
  - **Lépusiens**, animaux bons coureurs ; pattes postérieures (4 doigts) plus longues que les antérieures (5 doigts) ; poil épais, oreilles longues, queue courte, trou sous-orbitaire petit, os de la face peu développés.
    - Clavicule atrophiée ; dents $\frac{2.0.6}{1.0.5}$.
      - Lepus timidus, Lièvre. Europe excepté Suède et Norwège.
      - Lepus cuniculus, Lapin. Europe.
    - Clavicule peu développée ; dents $\frac{2.0.5}{1.0.5}$.
      - Lagomys. Asie et Montagnes rocheuses.
  - **Macropodiens**, animaux sauteurs ; pattes postérieures très longues (3, 4 ou 5 doigts) ; métatarsiens soudés en un seul os ; pattes antérieures courtes (5 doigts) ; tête épaisse ; 3 ou 4 paires de molaires à chaque mâchoire ; oreilles grandes.
    - Dipus. Gerboise. Nord-est de l'Afrique et Asie Mineure.
- **Normaux**. Incisives $\frac{1}{1}$.
  - **Muriens**. Corps allongé, museau pointu ; yeux saillants ; oreilles grandes ; queue longue, poilue et écailleuse, ou courte ; clavicules bien développées ; 5 doigts aux pattes ; 2, 3 ou 4 paires de molaires à chaque mâchoire ; molaires à plis d'émail et à tubercules transversaux, pourvues d'émail.
    - Molaires $\frac{3}{3}$ avec deux tubercules sur chaque lamelle transversale ; incisives supérieures dépourvues de sillon antérieurement ; des abajoues ; pouce des pattes antérieures rudimentaire. Queue courte et velue.
      - Cricetus. Hamster. Europe centrale et Sibérie.
    - Molaires $\frac{3}{3}$ avec trois tubercules sur chaque lamelle transversale ; incisives lisses antérieurement ; pas d'abajoues ; queue très longue, annelée et écailleuse.
      - Mus rattus, Rat noir. Introduit d'Orient en Europe au moyen âge.
      - Mus decumanus, Surmulot. Introduit d'Orient au milieu du 18e siècle.
      - Mus musculus, souris. Partout.
      - Mus sylvaticus, mulot. Europe.
      - Mus minutus, souris naine ; se construit des nids. Europe et Sibérie.
  - **Arvicoliens**. Forme lourde ; tête large ; museau court ; oreilles et queue velues ; molaires $\frac{3}{3}$ dépourvues de racines, à surface supérieure présentant des plis d'émail en zigzag.
    - Queue ronde et velue.
      - Arvicola amphibius, rat d'eau. Europe occidentale et Sibérie.
      - Arvicola agrestis, campagnol. Europe.
      - Myodes, Lemming. Suède, Norwège, Asie et Amérique septle.
    - Queue comprimée latéralement et écailleuse.
      - Fiber Zibethicus. Ondatra ou rat musqué ; Amérique septentrionale.
  - **Saccomysiens**. Système dentaire $\frac{4.4}{4.4}$; temporaux très développés ; abajoues externes couvertes de poils ; pattes à 5 doigts armés de griffes.
    - Saccomys, Geomys. Amérique septentrionale.
  - **Spalaciens**. Corps cylindrique ; poils courts et souples ; yeux et oreilles cachés ; pattes courtes à 5 doigts ; les pattes antérieures à pouce rudimentaire ; incisives très grosses ; 3 ou 4 molaires à plis d'émail à chaque mâchoire.
    - Spalax, Bathyergus. La plupart appartiennent à l'ancien monde.
  - **Myoxiens**. Se rapprochent des Muriens par la forme du corps, et des Sciuriens par leur queue touffue. Molaires $\frac{4}{4}$ à plis d'émail transversaux ; pouce rudimentaire à ongle plat.
    - Myoxus glis, Loir. Europe, Asie.
    - Myoxus avellanarius. Muscardin. Europe.
    - Myoxus nitela. Lérot. Europe.
  - **Sciuriens**. Queue longue et généralt touffue. Clavicules très bien développées. Membres antérieurs organisés pour saisir et muni d'un rudiment de pouce qui porte un ongle plat. Système dentaire caractérisé par la présence de $\frac{5(4)}{4}$ molaires, dont la couronne d'émail triangulaire ou carrée offre quelques tubercules qui s'usent graduellement.
    - Queue touffue, oreilles longues, vivent sur les arbres (se rencontrent partout, sauf en Afrique).
      - Sciurus vulgaris. Écureuil commun. Europe, Asie, gris dans les pays froids, petit-gris.
      - Sciurus maximus. Écureuil roi. Inde.
    - Queue moins touffue, poils presque rudes, abajoues, oreilles petites ; creuse des trous au pied des arbres.
      - Tamia striatus. Oural et Sibérie.
    - Queue touffue, une membrane aliforme velue relie les membres antérieurs aux postérieurs.
      - Pteromys. Écureuil volant. Sibérie, Inde, Amérique septentle.
    - Analogues aux tamias pour la forme des abajoues.
      - Spermophilus. Hémisphère septentrional.
    - Corps lourd et assez grand ; pas d'abajoues ; oreilles courtes, pouce rudimentaire.
      - Arctomys. Marmotte. Europe, Asie et Amérique septentle.

Autog. C. Laroche & ses Fils, Paris

Rongeurs normaux (Suite).

Famille	Caractères	Tribu	Espèces	Habitat
Castoriens	Grands, trapus ; oreilles courtes ; queue aplatie horizontalement, écailleuse, en forme de rame ; 5 doigts aux pattes ; les postérieures palmées ; des clavicules ; incisives fortes et proéminentes ; 4 molaires dépourvues de racines et à plis d'émail transversaux : à chaque machoire $\frac{4.4}{4.4}$. Des poches glandulaires spéciales, secrétant le castoréum et débouchant dans le prépuce.		Castor fiber	Europe et Amérique septentrionale.
Hystriciens	Gros et courts, mufle court, dos couvert de piquants ; pattes courtes à 4 ou 5 doigts ; incisives colorées généralement sur la face antérieure : molaires $\frac{4}{4}$.	Cercolabides Grimpeurs	Cercolabes prehensilis. Coendou.	Guyane. Brésil
			Erethizon dorsatus. Urson	Amérique du Nord
			Chætomys subspinosus	Amérique du Nord
		Hystricides Terrestres	Hystrix. Porc épic	Nord de l'Afrique Italie. Espagne.
Caviens	Corps plus ou moins trapu, pelage grossier ; ongles larges, queue rudimentaire ou manquant. Pattes antérieures 4 doigts ; postérieures 3.4 ou 5 doigts q.q. fois à demi-palmés.		Cavia Cochon d'Inde.	Amérique mérid^ale.
			Cœlogenys. Paca.	Brésil.
			Dasyprocta. Agouti	Amérique mérid^ale.
			Hydrochœrus capybara. Cabiai	Am. mérid^le.
Chinchilliens	Oreilles longues : queue touffue ; fourrure souple ; molaires sans racine : composée de 2 ou 3 lamelles transversales.		Eriomys lanigera. Chinchilla.	Chili.
			Lagidium. Lagotis.	Andes du Chili.
			Lagotomus. Viscache.	Amér. mérid^ale.

Dentition de Lièvre

Castor

Crâne de Spalax Zemmi

Crâne de Polatouche

Crâne de Porc-Epic d'Algérie.

Dentition du Cochon d'Inde.

Autog. C. Laroche & ses Fils, Paris.

Lémuriens. Mammifères grimpeurs ; pelage souple et laineux ; mains et pieds préhensiles, tête allongée comme celle des carnassiers ; face velue ou glabre ; orbites incomplètes ; ils ont généralement à chaque mâchoire, 4 incisives, 2 canines, et de nombreuses molaires à tubercules aigus. Utérus bicorne, placenta diffus ; souvent plus de deux mamelles.

Lemurides. — Incisives ordinairement $\left(\frac{2}{2\,(1)}\right)$, rarement $\frac{0}{2}$. Incisives inférieures horizontales dirigées en avant. Griffe au deuxième doigt postérieur seulement.

Caractères	Genre	Nom	Habitat
Museau très allongé ; oreilles courtes et velues. Longue queue touffue. Membres postérieurs plus longs que les antérieurs. Système dentaire $\left(\frac{2\,(0)\;\;1\;\;33}{2\;\;\;1\;\;33}\right)$.	Lemur	Makis	Madagascar
Museau moins long que celui des Makis, oreilles très petites ; membres postérieurs longs ; queue longue ou courte ; système dentaire $\left(\frac{2\,1\,2\,3}{1\,1\,2\,3}\right)$.	Lichanotus Propithecus	Indris Propithèques	id id
Tête ronde ; grands yeux ; oreilles courtes et arrondies ; les 4 membres de même longueur ; doigt indicateur très raccourci ; queue rudimentaire ou nulle. Indolents. Système dentaire $\left(\frac{2\,(1)\;\;1\;\;33}{2\;\;\;1\;\;33}\right)$.	Nycticebus Stenops	Loris	Inde Iles de la Sonde Ceylan

Tarsides. Tête épaisse ; grands yeux ; grandes oreilles, museau court ; os du tarse très allongé et queue longue ; le 2e doigt et q.q.f. le 3e armés d'une griffe.

Caractères	Genre	Nom	Habitat
Présentent six mamelles. Système dentaire $\left(\frac{2\,(0)\;\;1\;\;33}{2\;\;\;1\;\;33}\right)$	Otolienus	Galagos	
Système dentaire $\left(\frac{2\;\;1\;\;33}{1\;\;1\;\;33}\right)$	Tarsius	Tarsiers	Iles de la Sonde et Philippines

Chiromysides. Dentition semblable à celle des Rongeurs ; queue longue et touffue. Doigts armés de griffes ; le gros doigt des membres postérieurs est aplati ; terminé par un ongle et opposable. Dents incisives à croissance continue, revêtues d'émail sur toutes leurs faces.

Caractères	Genre	Nom	Habitat
Système dentaire $\left(\frac{1\,0\,4}{1\,0\,3}\right)$; enlèvent les insectes des fentes des arbres à l'aide des 3ème et 4e doigts de la main qui sont très longs.	Chiromys Madagascariensis	Aye-Aye	Madagascar

Galéopithécides. Griffes au lieu de mains ; une membrane aliforme velue relie les membres antérieurs aux postérieurs, en y comprenant la queue. Système dentaire $\left(\frac{2\,(2)\;\;\;0\,(1)\;\;\;2.4}{2\;\;\;\;\;\;1\;\;\;\;\;\;2.4}\right)$. Incisives inférieures découpées et comme dentelées en peigne, et inclinées en avant.

Genre	Nom	Habitat
Galeopithecus	Galéopithèque	Iles de la Sonde et Philippines

Crâne de Loris grêle.

Dentition du Maki rouge.

Pied gauche de Loris paresseux.

Crâne de Galéopithèque

Crâne de Maki rouge.

Main inférieure de Cheiromys

Incisives inférieures du Galéopithèque

Crâne de Cheiromys.

Autog. C Lerouge & ses Fils, 11, rue Mazarine.

Ruminants

Estomac composé de 3 ou 4 parties (Bonnet, panse, feuillet, caillette). Os métatarsiens et métacarpiens soudés presque sans exception (os canon).

Dentition :
Incisives $\frac{0\ (1)}{4\ (3)}$
Canines $\frac{0\ (1)}{0}$
Molaires $\frac{5}{5}$ ou $\frac{6}{6}$ ou $\frac{7}{7}$

Placenta Cotylédonaire ou diffus.
Pieds revêtus de sabots ; 2 doigts vrais et 2 doigts accessoires.
Glandes dites : "Larmiers".
Glandes aux ongles le plus souvent.

Cavicornea.

Corps lourd ; épais ou élancé ; cornes 2 ou 4 formées d'appendices osseux du frontal, creusés de cavités spacieuses entourées de la corne proprement dite.
Molaires $\frac{6}{6}$.

Boviens. Taille grande et lourde ; cornes arrondies ou comprimées. Queue longue, terminée par une touffe de poils. 4 mamelles.

- Bos taurus ..... ♂ Taureau ..... ♀ Vache ..... domestiqué
- Bos indicus ..... Zébu ..... Inde
- Bison Europaeus .. Aurochs ..... Europe
- Bison Americanus .. Bison ..... } Amérique du Nord
- Ovibos moschatus Boeuf musqué ..... } Amérique du Nord

Oviens. Cornes plus ou moins comprimées et annelées. Doigts accessoires courts. Généralement jambes minces et longues. 2 mamelles.

1° Forme un peu lourde ; cornes triangulaires ; tournées en spirale ; annelées obliquement. Chamfrein busqué.

- Ovis aries ..... Brebis, Bélier ..... domestiqué
- Ovis musimon ..... Mouflon ..... Corse Sardaigne.

2° Forme légère ; cornes comprimées latéralement et relevées en arrière. Menton barbu. Chanfrein droit.

- Capra hircus ..... Chèvre, bouc ..... domestique
- Capra Ibex ..... Bouquetin des Alpes

Antilopiens. Corps élancé ou ramassé. Cornes rondes, droites ou courbes ; n'existent parfois que chez le mâle.

- Rupicapra ..... Chamois ..... Europe
- Catoblepas ..... Gnou ..... } Afrique
- Antilope dorcas .. Gazelle ..... } Afrique

Cervides.

Corps élancé ; le mâle possède une ramure (ainsi que la femelle du renne) 2 doigts accessoires et presque toujours des larmiers. Souvent chez les mâles, il existe des canines supérieures très longues ; molaires $\frac{6}{6}$. Les cornes ou bois sont des os dermiques qui reposent sur une saillie osseuse du front. Ils tombent et repoussent régulièrement en grandissant ; quelques uns (Cervulus Muntjac) possèdent une proéminence frontale très grande.

- Cervus elaphus ..... Cerf, Biche ..... Europe
- Cervus capreolus .. Chevreuil ..... Europe
- Cervus axis ..... Inde
- Dama vulgaris .. Daim ... Europe méridionale et Afrique.
- Alces palmatus .. Elan ..... Nord de l'Europe. Amérique septentrionale
- Tarandus ..... Renne ... Régions du Nord

Moschides.

Taille petite, dépourvue de ramure, canines supérieures très longues chez les mâles. Molaires $\frac{6}{6}$. Larmiers manquent ; queue rudimentaire. Placenta diffus (Tragulus) ou cotylédonaire (Moschus). Dans le genre Moschus, le mâle possède entre le nombril et la verge une poche glandulaire dans laquelle s'accumule le musc.

- Moschus Moschiferus ..... Sibérie et Thibet
- Chevrotains
- Tragulus ..... Sumatra et Iles de la Sonde

Caméléopardalides.

Girafes, cou très long, longues jambes antérieures, dos incliné en arrière. Petites cornes revêtues de peau, chez les deux sexes. Chez le mâle en outre, une bosse frontale impaire. Dentition $\frac{0\ 0\ 6}{3\ 1\ 6}$, langue très mobile. Placenta cotylédonaire, pas de larmiers.

- Camelopardalis giraffa ..... Girafe ..... Afrique

Camélides.

Grands ruminants dépourvus de cornes ; cou long et lèvre supérieure fendue et poilue. Plante des pieds calleuse. Dentition : les intermaxillaires portent 2 incisives et même 4 ou 6 dans la jeunesse. Incisives inférieures réduites à 2 ; canines développées à chaque mâchoire. Doigts non couverts de vrais sabots. Vésicule biliaire manquant. Globules rouges elliptiques mais sans noyaux.

- Camelus dromedarius ..... Nord de l'Afrique
- Dromadaire (1 bosse dorsale) ..... Sud de l'Asie
- Camelus bactrianus ..... Tartarie
- Chameau (2 bosses) ..... Mongolie
- Auchenia ..... Lama Côte occidentale de l'Amérique du Sud

Edentés

Mammifères à dentition incomplète parfois nulle. Molaires nombreuses dépourvues de racines et d'émail, à croissance continue ; membres terminés par des ongles forts, longs et recourbés.

1° **Bradypodides.** Paresseux, tête ronde, face courte, pattes antérieures très longues ; mamelles pectorales ; os de la main soudés. Pelage long et grossier, queue rudimentaire, estomac composé, oreilles externes très courtes. Dentition : $\frac{0}{0}\ \frac{0(1)}{0(1)}\ \frac{3 \text{ ou } 4}{3 \text{ ou } 4}$. Arboricoles.

- Cholœpus didactylus ..... } Nord de l'Amérique méridionale
- Unau ..... } Nord de l'Amérique méridionale
- Bradypus tridactylus ..... } Nord de l'Amérique méridionale
- Aï .....

2° **Mégathérides.** Arcades jugales complètes ; pattes massives, munies, les antérieures de 4 à 5 doigts ; les postérieures de 3 à 4. Les doigts du milieu armés de fortes griffes recourbées. Arboricoles.

- Megatherium ..... } Terrain quaternaires de l'Amérique du Sud
- Mylodon ..... } Terrain quaternaires de l'Amérique du Sud
- Sphænodon ..... } Terrain quaternaires de l'Amérique du Sud

3° **Dasypodides.** Tatous : tête allongée et museau pointu ; oreilles dressées et longues ; langue courte. Corps recouvert de lames osseuses formant cuirasse. Membres courts à ongles forts et recourbés ; pattes antérieures à 4 doigts, postérieures à 5. Molaires toutes semblables et en nombre variant à chaque espèce. Incisives seulement chez le Dasypus sexcinctus ; 2 à 4 mamelles pectorales, peuvent se mettre en boule.

- Dasypus gigas Tatou géant (environ 100 dents) } Amérique du Sud
- D. novemcinctus ..... } Amérique du Sud
- D. sexcinctus ..... } Amérique du Sud
- Glyptodon ..... Terrains quaternaires de l'Amérique du Sud

4. **Vermilingues.** Fourmiliers. Museau très long, pointu ; bouche étroite et langue grêle vermiforme très protractile. Yeux petits, queue longue (garnie de longs poils chez le tamanoir ; ou d'écailles, comme chez les Pangolins, ou presque nue comme chez l'oryctérope). Les dents manquent, sauf chez l'oryctérope où il existe quelques molaires. Pattes fortes armées de 4 à 5 ongles puissants.

- Myrmecophaga jubata ..... } Amérique du Sud
- Tamanoir ..... } Amérique du Sud
- M. tetradactyla – Tamandua ..... } Amérique du Sud
- M. didactyla ..... } Amérique du Sud
- Manis ..... Pangolina ..... Afrique et Inde
- Orycteropus ..... Sénégal, Cap de Bonne Espérance.

Autog. C. Laroche & ses Fils, 11 rue Madame.

Proboscidiens. Animaux de grande taille. Cou court. Trompe, (prolongement des fosses nasales) Organe puissant et délicat : leur sert à boire. Peau épaisse, velue, ou à peine velue. Yeux petits, oreilles grandes ; membres semblables à des piliers massifs, à peine ongulés, presque onguiculés (5 doigts). 2 Mamelles pectorales. Utérus bicorne. Placenta zonaire. Grande Allantoïde. Dentition : 2 incisives ou défenses, à croissance continue, implantées dans l'os intermaxillaire ; pas d'incisives inférieures ; suivant l'âge de l'animal on trouve de chaque côté, à chaque machoire, 1, 2 ou 3 molaires composées de nombreuses lames d'émail placées parallèlement l'une derrière l'autre et cimentées par du cément. Elles s'usent surtout antérieurement, leur renouvellement se fait d'arrière en avant. Dentition de la mâchoire supérieure 1-0-6.	2 espèces vivantes Elephas Africanus. Oreilles très grandes, front fuyant, molaires à replis d'émail lozangiques. Elephas Indicus. Oreilles plus petites, front bombé (grands sinus frontaux) molaires à repli d'émail en forme de bandes droites transversales presque parallèles. Espèces fossiles. Elephas primigenius. Mammouth Mastodon. Mastodonte.
Pachydermes proprement dits. 1° Solipèdes ou Hippiens. Mammifères ongulés à jambes longues, élancées. Marchent sur l'extrémité du doigt du milieu. Os canon terminé par un sabot, 3ᵉ phalange. Les 2ᵉ et 4ᵉ doigts tantôt existent sur le côté et sont très petits (Chevaux fossiles), tantôt sont réduits aux métatarsiens. Placenta diffus et couvert de villosités. Dentition $\frac{4.1.3}{4.1.3}$. Chevaux "marrons" à demi sauvages en Amérique.	Equus Caballus, Cheval. partout. Equus Asinus. Ane domestique. Equus tæniopus. Ane sauvage Abyssinie. Equus mulus. Mulet. Equus hemionus. Hemionus (Asie). E. Zebra. Zèbre. E. Quagga. Couagga } Afrique E. Burchelli. Dauw } Afrique
2° Rhinocéridés, animaux lourds, à peau épaisse, 1 corne ou 2 sur le nez, sorte d'ongle qui pousse sur la peau (poils agglutinés). Dentition $\frac{2.0.7}{2.0.7}$. 2 doigts latéraux presque aussi gros que le médian. Nombreux aux époques géologiques.	Rhinoceros. Inde. Sumatra. Afrique.
3° Tapiridés. Taille moyenne, animaux à peau épaisse, semi-aquatiques. Nez prolongé en une trompe mobile, membres antérieurs 4 doigts, postérieurs 3 doigts. Dentition $\frac{3}{3}.\frac{1}{1}.\frac{4.3}{4.3}$. Yeux petits, oreilles pointues et très mobiles.	Tapirus Indicus. dos blanc et noir. Tapirus Americanus
4° Hyraciens. Mammifères poilus, gros comme une marmotte. Squelette de Rhinoceros ; dentition $\frac{1.0.6(8)}{2.0.6(7)}$ fournissent l'Hyracéum, urine concrète. Placenta zonaire.	Hyrax Capensis } Daman (Contrées montagneuses au Cap de bonne Esp.ce.) Hyrax Syriacus } Daman (en Abyssinie et en Syrie.)
Pachydermes bisulques ou Porcins. Animaux de taille moyenne. Pas d'os canon. Les 2 métacarpiens et les 2 métatarsiens médians sont séparés et les stylets vont jusqu'en haut. Dentition variant suivant les genres. Phacochœrus $\frac{1}{3}\frac{1}{1}\frac{2.3}{2.3}$ Babyrussa $\frac{2}{3}\frac{1}{1}\frac{2.3}{2.3}$ Dicotyles (Pécaris) $\frac{3}{3}\frac{1}{1}\frac{3.3}{3.3}$ Sus $\frac{3}{3}\frac{1}{1}\frac{4.3}{4.3}$.	Sus scrofa. Sanglier. Anciens continents Porcus Babyrussa. Inde Phacochœrus æthiopicus Af. méridionale Dicotyles labiatus, Pécari. Amérique.
Hippopotamidés. Animaux amphibiens. Narines et yeux placés au sommet de la tête. Bouche fendue sur les côtés presque jusqu'aux yeux. Peau glabre, pattes courtes, à 4 doigts ongulés. Dentition $\frac{2}{2}\frac{1}{1}\frac{4.3}{4.3}$ et l'une des prémolaires tombant avant l'âge adulte $\frac{3.3}{3.3}$.	Hippopotamus amphibius. Afrique

Imp. C. Laroche & ses Fils, 11 rue Madame, Paris.

Cétacés.

Mammifères Marins. Corps pisciforme, glabre, membres antérieurs transformés en nageoires. Membres postérieurs rudimentaires. Nageoire caudale horizontale. Souvent il existe sur le dos une nageoire adipeuse.

Couche adipeuse épaisse sous la peau. Pas d'oreille externe. Yeux petits. Extrémité du larynx faisant saillie dans l'ouverture nasale supérieure.

Mammelles pectorales ou inguinales.

Utérus bicorne.

Placenta diffus.

Familles	Genres et espèces	Habitat
Herbivores ou Siréniens. Se nourissent de végétaux ; peau épaisse, recouverte de soies peu nombreuses, narines antérieures. mamelles pectorales.	**Lamantins ou Sirènes ou Vaches Marines. Manatus.** Molaires $\frac{1}{0}$. Dents de lait $\frac{0\ 8-10}{0\ 8-10}$. Nageoire caudale ovale. Ongles rudimentaires.	Océan. Afrique. Amérique.
	Dugongs. Halicore. Pas d'ongles rudimentaires ; dentition de lait, $\frac{1\ 0\ 5}{3\ 0\ 5}$.	Océan Indien. Mer Rouge.
Baleines. Grande taille ; tête très grosse ; bouche largement fendue, garnie à la mâchoire supérieure de fanons ou lames cornées. Œsophage très étroit qui ne leur permet de manger que des petits animaux marins ; fournissent de l'huile.	**Rorquals. Balænoptera.** Nageoire adipeuse sur le dos ; petite nageoire caudale. Nombreux sillons longitudinaux sur la face ventrale. Forme élancée ; fanons petits, peu développés.	Mer du Nord
	Megaptera. Nageoire caudale peu élevée mais très longue. Quatre-vingt dix à 100 pieds de long.	Mers boréales
	Balæna. Baleine franche. Pas de nageoire adipeuse sur le dos ; fanons très longs. Museau tronqué et bombé. Atteint 60 pieds de long.	Régions tempérées des Mers du Sud.
Cachalots ou Catodontides. Tête énorme qui atteint le tiers de la longueur du corps. Tête renflée en avant par l'accumulation de graisse (spermaceti) contenue dans des sinus sous-cutanés. Dents coniques, seulement à la mâchoire inférieure. Events séparés. Se nourrissent de seiches. Concrétion intestinale (ambre gris) d'une odeur agréable due à cette nourriture.	**Catodon macrocephalus. Cachalot.** 40 à 60 pieds de long.	Mers du Nord
	Physeter tursio. Tête plus large que haute. Surface du crâne munie de chaque côté d'une crête osseuse.	Océan Atlantique.
Delphinides. Les deux mâchoires garnies, mais pas toujours dans toute leur longueur de dents coniques semblablement placées. Narines réunies, constituant un seul évent en forme de demi-lune.	**Marsouins. Phocœna.** Tête arrondie en avant, mâchoires ne dépassant pas la longueur du crâne. Nageoire dorsale de taille moyenne ; dents comprimées, à bords tranchants.	Mers d'Europe. Mers polaires
	Dauphins. Delphinus. Museau allongé dépassant la longueur du crâne.	Mers d'Europe et polaires
Monodontides. Corps marbré de brun. Deux dents au maxillaire supérieur ; chez la femelle elles restent petites ; chez le mâle, l'une d'elles, (celle de gauche généralement) prend un grand développement ; elle est cannelée en spirale. Monodon monoceros. Narval.		Mers polaires arctiques

Autog. C. Laroche & ses Fils, 11 rue Madame.

Mammifères implacentaires.

Marsupiaux. Mammifères formant des séries parallèles à celles des Mammifères placentaires. Dentition très-diverse. Deux os spéciaux dits os marsupiaux, s'articulant avec les os du bassin et soutiennent une poche dans laquelle sont renfermées les mamelles et où les jeunes achèvent leur développement. Corps calleux rudimentaire ; Circonvolutions cérébrales à peine marquées. Les organes génito-urinaires et l'anus débouchent dans une sorte de cloaque.

- **Rongeurs**, forme lourde, fourrure épaisse et souple. Système dentaire des rongeurs. Pieds à plante nue. 5 doigts pourvus d'ongles forts et recourbés.
  - Phascolomides. – genre Phascolomys. Système dentaire $\frac{1}{1}\frac{0}{0}\frac{1}{1}\frac{4}{4}$ — Van Diemen. Sud de l'Australie
- **Macropodes** ; Partie antérieure du corps assez petite ; tête petite ; pattes de devant petites ; pattes postérieures longues ; queue longue et très forte. Font des bonds prodigieux. 4 doigts armés d'ongles puissants. Système dentaire rappelant celui du cheval : $\frac{3}{1}\frac{0(1)}{0}\frac{1}{4}\frac{4}{4}$.
  - Macropus (Kanguroo)
  - Macropus giganteus
  - Macropus penicillatus
  - Macropus Benetti
  - Macropus leporides
  - — Van Diemen. Australie.
- **Grimpeurs.** Taille moyenne. Pattes de longueur égale. 5 doigts aux pattes postérieures, les 2ème et 3ème doigts sont soudés ; le doigt interne dépourvu d'ongle est opposable. Queue longue et préhensile. Dentition intermédiaire entre celle des Phascolomes et des kanguroos
  - Phascolarctides. Corps trapu, queue rudimentaire. genre Phascolarctus. Koala. Système dentaire $\frac{3}{1}\frac{1}{0}\frac{1}{1}\frac{4}{4}$
  - Phalangistides. Corps élancé muni d'une queue préhensile.
    - Genre Petaurus, membrane aliforme velue. Système dentaire $\frac{3}{1}\frac{1}{0}\frac{2}{1}\frac{(3)}{(1)}\frac{4}{4}$
    - Genre Phalangista, pas de membrane aliforme. Système dentaire $\frac{3}{1}\frac{1}{1}\frac{1(-3)}{1(-2)}\frac{4}{4}$
  - — Van Diemen. Australie
- **Rapaces.** Système dentaire rappelant celui des Insectivores et celui des Carnivores.
  - **Péramélides.** Museau allongé comme celui des Soricidés. Système dentaire $\frac{5(4)}{3}\frac{1}{1}\frac{3}{3}\frac{4}{4}$
    - Péramèles, pattes antérieures avec 5 doigts dont les deux externes sont dépourvus d'ongles.
    - Chœropus, pattes antérieures didactyles.
    - — Nouvelle Galles du Sud
  - **Dasyurides.** Type carnivore ; queue poilue non prenante.
    - Myrmecobius, taille de l'écureuil. Dentition $\frac{4}{3}\frac{1}{1}\frac{4(3)}{5(3)}\frac{4(5)}{4(6)}$, museau pointu.
    - Phascogale, museau pointu. Dentition : $\frac{4}{3}\frac{1}{1}\frac{3}{3}\frac{4}{4}$.
    - Dasyurus, queue longue et touffue. Dentition : $\frac{4}{3}\frac{1}{1}\frac{2}{2}\frac{4}{4}$.
    - — Australie
    - Thylacine. Taille d'un cheval. Zébré. Dentition $\frac{4}{3}\frac{1}{1}\frac{3}{3}\frac{4}{3}$. — Van Diemen.
  - **Didelphides** (Sarigues) grimpeurs ; de taille moyenne ; museau long ; yeux et oreilles grands ; queue généralement longue ; prenante ; pieds à 5 doigts. Dentition $\frac{5}{4}\frac{1}{1}\frac{3}{3}\frac{4}{3}$ poche marsupiale souvent incomplète.
    - Genre Didelphys, doigts libres
      - D. Virginiana (Opossum) .... États Unis
      - D. dorsigera, porte ses petits sur son dos.
    - Genre Chironectes, doigts des pattes postérieures réunies par une membrane.
    - — Guyane. Brésil.

Monotrêmes. Mammifères très-inférieurs se rapprochant des oiseaux. Mâchoires allongées en forme de bec ; forme trapue, pattes courtes à 5 doigts, ongles très forts. Pas d'oreilles externes. Yeux petits, pourvus d'une membrane nictitante. Les hémisphères ne recouvrent pas le cervelet ; corps calleux rudimentaire. Organes génitaux ressemblant à ceux des oiseaux. Os marsupiaux ; poche marsupiale chez l'Echidné femelle ; celle-ci n'a pas de mamelons saillants. Pas de dents. Les mâles ont aux pattes postérieures un ergot creusé d'un canal qui communique avec une glande qu'on avait cru venimeuse, pondent des œufs. Habitent l'Australie.

- Genre Ornithorhynchus. Bec large et aplati ressemblant à celui du canard corps trapu, poils épais et souples. Queue longue et déprimée. Se creuse des terriers dans le voisinage des cours d'eau
  - O. Paradoxus
- Genre Echidnus. – Museau long, mince, cylindrique, ouvert seulement à l'extrémité ; langue vermiforme, protractile ; corps revêtu de piquants cornés.
  - E. hystrix   E. Setosa   Contrées montagneuses.

Autog. C. Laroche & ses Fils, 11, rue Mazarine.

Tableau de la Classification des Mammifères de M.r le Professeur Aph.s Milne-Edwards

Mammifères

- 1re Sous-Classe Mammifères hétéropodes ou à membres dissimilaires, les antérieurs uniquement affectés à la préhension et au toucher, les postérieurs uniquement à la locomotion — **Bimanes**
- 2e Sous-Classe. Mammifères homopodes tous les membres servent à la locomotion.
  - Section des Tétrapodes ou mammifères quadrupèdes.
    - Groupe des Eugénètes ou quadrupèdes pourvus d'un placenta d'un mésolobe et dépourvus d'os marsupiaux.
      - Tomodontes ou quadrupèdes ordinaires ayant des dents sur le devant de la bouche, dents d'ordinaire revêtues d'émail. Dents de remplacement.
        - Onguiphores à doigts garnis d'ongles ou de griffes, mains dépourvues de sabots
          - Orbites complètes, quatre mains, placenta discoïde simple ou double .... **Simiens**
          - Orbites incomplètes.
            - Pas de mains
              - Placenta discoïde cerveau presque lisse Molaires broyeuses
                - Système dentaire complet
                  - Membres antérieurs transformés en ailes — **Chiroptères**
                  - Membres antérieurs normaux ..... — **Insectivores**
                - Système dentaire incomplet ...... **Rongeurs**
              - Placenta zonaire, cerveau offrant des circonvolutions. Molaires ordinairement tranchantes.
                - Pattes disposées pour la locomotion terrestre .... — **Carnivores**
                - Pattes disposées pour la natation — **Amphibiens**
            - Des mains. Placenta envahissant, presque diffus .... **Lémuriens**
        - Onguléa ou Mammifères à sabots
          - Pieds pentadactyles. Une trompe. Placenta zonaire. Allantoïde très grand. **Proboscidiens**
          - Pieds composés de moins de 5 doigts. Pas de trompe.
            - Plantigrades. Placenta zonaire. Allantoïde médiocre .... **Hyraciens**
            - Digitigrades Placenta non zonaire.
              - Des incisives à la mâchoire supérieure. Estomac impropre à la rumination.
                - Doigts en nombre impair .... **Hippiens**
                - Doigts en nombre pair .... **Porcins**
              - En général pas d'incisives à la mâchoire supérieure. Estomac disposé p.r la rumination.
                - Phalangigrades. Globules du sang elliptiques. Placenta diffus. — **Caméliens**
                - Unguligrades Gl. sanguins circulaires.
                  - Placenta diffus. 3 estomacs. — **Traguliens**
                  - Placenta cotylédonaire. 4 estomacs. — **Pécoriens**
      - Edentés. Pas de dents sur le devant de la bouche. Dents sans émail. Généralement pas de dents de remplacement — **Edentés**
    - Groupe des Implacentaires. Pas de mésolobe. Pubis portant des os marsupiaux, pendant des ...
      - Système dentaire normal. Des os tardants coracoïdiens. Un vagin proprement dit ...... **Marsupiaux**
      - Système dentaire nul ou normal. Des os tardants coracoïdiens. Pas de vagin proprement dit. **Monotrèmes**
  - Section des Ichthyomorphes, ou Mammifères dépourvus de membres abdominaux.
    - Narines antérieures. Mamelles pectorales. Phalanges en nombre normal .... **Siréniens**
    - Narines frontales. Mamelles inguinales. Phalanges en nombre anormal .... **Cétacés proprement dits.**

Autog. C. Laroche & ses Fils, 11 rue Madame.

Oiseaux. Caractères généraux.

Les oiseaux sont pennifères, c'est-à-dire que leur corps est couvert de plumes.

Les plumes sont des productions épidermiques, alimentées au début de leur existence par des vaisseaux sanguins.

Il y a plusieurs sortes de plumes : 1°. Les rémiges qui servent au vol ; 2°. le duvet qui sert de revêtement ; 3°. les aigrettes, panaches, qui servent à l'ornementation ; 4°. les plumes des oiseaux coureurs ; 5°. les plumes écailles des ailes des manchots, etc....

Toutes ces sortes de plumes sont formées par un axe sur lequel s'insèrent de chaque côté des barbes ; celles-ci portent des barbules qui portent elles-mêmes des sortes de petits crochets ; ces crochets ou barbelures s'engrènent les uns dans les autres. – Les plumes se renouvellent. Généralement il y a une grande mue à l'automne et une petite mue au printemps. Les couleurs des plumes sont dues, tantôt à des pigments, tantôt à des phénomènes d'interférence (réseaux, stries, lames minces). Une même plume peut changer de couleur (Lagopèdes).

Système nerveux. Il est plus simple que chez les Mammifères. Le cerveau presque dépourvu de circonvolutions est atténué en avant ; il n'y a pas de corps calleux, les hémisphères sont séparés. Le cervelet n'est pas recouvert par le cerveau. Les lobes optiques sont à découvert. Organes des sens. Odorat, ouïe, goût, toucher ; peu développés. Vue très perçante. Les yeux ont deux paupières et une membrane nictitante.

Squelette. – Les os de la tête sont soudés de très bonne heure. La première vertèbre cervicale ou atlas s'articule avec l'os occipital du crâne par un seul condyle médian. Les maxillaires sont allongés en forme de bec recouvert d'une substance cornée, dure, souvent tranchante. Les vertèbres sont très fortement articulées les unes aux autres ; elles ont des apophyses épineuses, supérieures ou inférieures. Les V. cervicales sont en nombre variable, généralement 9 (24 chez le cygne). Quatre ou cinq des V. dorsales sont souvent soudées. Elles portent les côtes. Les premières côtes ne s'articulent pas avec le sternum, les autres côtes sont complétées en avant par des os sterno-costaux qui seuls sont mobiles, tandis que les vraies côtes sont rendues immobiles par des apophyses postérieures dites uncinées. Le sternum est large, en forme de carène et présente le plus souvent antérieurement une crête qui donne insertion à des muscles puissants. Les V. lombaires n'existent pas. Les V. sacrées sont soudées et forment un sacrum très allongé sur lequel s'articulent les côtes.

Les vertèbres caudales sont courtes, la dernière est plus large que les autres et porte les plumes de la queue. Chez l'Archæopteryx (terrains Jurassiques période oolithique. Solenhofen). la queue est composée de 20 vertèbres portant chacune deux plumes, une de chaque côté).

Ailes. – Chacune des ailes est formée par l'os du bras, ou humérus ; les os de l'avant-bras sont le radius et le cubitus, le cubitus est plus gros que le radius contrairement à ce que l'on remarque chez les mammifères. Les os du carpe sont réduits à 2. Les os du métacarpe au nombre de deux (ou trois) sont soudés à leurs extrémités. Il y a un espace vide entre le 2°. et le 3°. métacarpiens. Le premier métacarpien, lorsqu'il existe, est réduit à un tubercule sur lequel s'articule une phalange, le 2°. en porte deux et le 3°. une seule. Un muscle de tissu élastique, relie le métacarpe à la tête de l'humérus. Les rémiges s'insèrent sur des tubercules que l'on remarque sur le cubitus, sur le métacarpe, et les phalanges. L'épaule est formée par 3 os : les clavicules ou fourchettes, les caracoïdiens et l'omoplate.

Le bassin est formé de 3 os soudés ensemble. Les deux os iliaques séparés par le sacrum, le pubis et l'ischion.

Les membres postérieurs articulés sur les os iliaques sont constitués par un fémur ou os de la cuisse ; par une jambe formée d'un tibia allongé et d'un péroné réduit à l'état d'un stylet osseux appliqué contre la face interne du tibia. Les 3 métatarsiens sont soudés et forment un os canon offrant à son extrémité inférieure trois poulies articulaires pour les doigts. L'os canon présente q. q. fois un ergot osseux recouvert de corne. Le premier doigt, quand il existe est formé de deux phalanges et s'articule en arrière sur un petit os styliforme appliqué contre le canon ; le 2°. doigt a 3 phalanges ; le 3ème en a 4 ; le 4°. en a 5.

Organes de la digestion. Bouche munie d'un bec de forme variable. Quelques glandes salivaires existent dans le voisinage de la bouche. L'œsophage qui fait suite au pharynx se dilate bientôt en un jabot. On trouve ensuite l'estomac ou ventricule succenturié, une poche, le gésier, à parois musculeuses très fortes ; au gésier fait suite un intestin grêle, dont les circonvolutions sont maintenues par un péritoine. Le gros intestin et le rectum sont courts. Les cæcums sont généralement longs. Le foie est volumineux. Les reins sont situés de chaque côté de la colonne vertébrale. Les orifices des conduits urinaires et génitaux s'ouvrent, ainsi que l'anus dans un cloaque.

Autog. C. Laroche & ses Fils, 11, rue Madame, Paris

Organes de la Respiration. La trachée s'ouvre dans un larynx muni de cordes vocales. On trouve chez certaines espèces un 2e larynx situé à la base de la trachée. Puis viennent les bronches qui se divisent, se subdivisent et se terminent par des vésicules pulmonaires.

La surface des deux poumons est percée de trous qui correspondent à l'ouverture de tubes, qui se rendent d'une part dans de grands sacs aériens placés dans le thorax, dans l'abdomen, dans le cou ; et d'autre part dans les os. Les poumons sont logés dans la cavité thoracique qui est séparée de l'abdomen par un diaphragme.

Organes de la Circulation. – Le Cœur présente deux oreillettes et 2 ventricules. Il n'y a qu'une seule crosse aortique. Les globules rouges sont elliptiques et pourvus d'un noyau.

Organes de la Reproduction. – Mâle. Les testicules sont réniformes logés dans l'abdomen de chaque côté de la colonne vertébrale. Quelquefois seulement il existe une verge (canard). Le plus souvent, la copulation consiste dans le rapprochement des ouvertures des cloaques. Femelle. – L'ovaire gauche est volumineux tandis que le droit est atrophié. Les œufs des oiseaux sont entourés d'une coquille calcaire munie de pores très fins qui permettent à l'embryon de respirer. Après la coque, on voit une membrane blanche résistante qui entoure le blanc ou albumen. Le vitellus est contenu dans le blanc, il est jaune, entouré par une membrane vitelline très délicate. Presque tout le jaune est un vitellus graisseux et nutritif. Le vitellus germinatif ou cicatricule, n'occupe qu'un point de la surface du jaune. A chacune des extrémités de l'œuf on remarque les chalazes ou cordons spiralés de l'albumen. La cicatricule seule se segmente et devient l'embryon.

Autog. C. Laroche & ses Fils, 11 rue Madame. Paris.

Oiseaux. Les caractères de cette classe ayant été donnés dans les deux Tableaux précédents nous n'y reviendrons pas ici. La forme du bec et celle des pattes fournissent des caractères qui permettent de diviser les oiseaux de la façon suivante :

- **Coureurs.** Taille généralement grande. Membres postérieurs robustes à 2 ou 3 doigts. Sternum dépourvu de crête ; appareil claviculaire imparfait. État rudimentaire des ailes. Barbes des plumes non enchevêtrées.
  - **Struthio camelus.** Autruche ; 2 doigts ; cou et jambes nues ; ♂ noir et blanc, ♀ grise ; œufs blancs. Afrique. Confins du désert.
  - **Rhea americana,** Nandou ; 3 doigts ; couleur grise, œufs blancs. Amérique du Sud.
  - **Dromœus, novæ Hollandiæ.** Emeu, 3 doigts ; couleur brune œufs verts. Australie.
  - **Casuarius galeatus.** Casoar à casque, casque corné qui coiffe une protubérance osseuse du crâne ; couleur noire ; Plumes comme des crins ; cou nu bleu ; deux caroncules rouges sous le cou. Nouvelle Guinée.
  - **Apteryx.** Ailes rudimentaires. Bec long. Pattes très fortes. Taille petite. Nouvelle Zélande.
  - **Dinornis.** Oiseaux géants trouvés dans les tourbières de la Nouvelle Zélande.
  - **Æpyornis** de Madagascar.
- **Rapaces.** Bec crochu tranchant griffes puissantes.
  - **Diurnes.** Tête aplatie, yeux placés latéralement ; cire au bec griffes puissantes, 3 doigts en avant, 1 en arrière.
    - **Accipitrides :** Aquila. Aigle, bec droit. Falco, Faucon, Bec présentant un crochet à la mandibule supérieure. Europe, Asie, Afrique.
    - **Vulturides,** se nourissent de charognes : Vultur, Vautour. Europe, Asie, Afrique. – Sarcorhamphus, Condor Amérique du Sud.
    - **Gypaëtos :** Feronopterus ; Europe, Asie, Afrique.
    - **Marcheurs :** Gypogeranus, Serpentaire. Cap de Bonne Espérance, Sénégal, Philippines.
  - **Nocturnes.** Tête arrondie, yeux placés en avant. Plumes disposées en rayonnant autour des yeux, 3 doigts dont l'externe est reversible. Plumes sombres, ailes molles, floconneuses, volant sans bruit, avalant leur proie sans la déchirer, et vomissant la peau et les os.
    - **Strigides.** Otus. Hiboux. Europe Asie, Amérique. – Nyctea Harfang, Nord Europe. Asie centrale, Amérique Septentrionale. Athene, chevêche. Europe Asie Afrique. Bubo, duc. Strix. Effrayes, se trouvent partout.
- **Psittacides ou Perroquets.** Oiseaux plantigrades grimpeurs. 2 doigts antérieurs et 2 doigts postérieurs. Bec crochu qui leur sert à grimper. Mandibule supérieure mobile. Cerveau bien plus développé que chez les autres oiseaux. Langue molle. Portent leurs aliments à leur bec avec leurs pattes.
  - **Aras.** Sittace, queue longue. Mexique, Brésil.
  - Paruches .... Amérique.
  - Perroquets vrais. Afrique, Amérique Sud. Iles grand Océan
  - Strigops .... Nouvelle Zélande.
  - Cacatoës, Plictolophus, Australie, Nlle Guinée Moluques Philippines.
- **Grimpeurs.** Oiseaux grimpeurs ; 2 doigts en avant, 2 doigts en arrière. Ne portent pas leurs aliments à leur bec. Mandibule supérieure immobile, langue cornée. Quelques uns ont la langue barbelée à l'extrémité et insérée entre les yeux (Pics).
  - Pics. Picus / Coucous. Cuculus : Europe, Asie, Afrique, Amérique.
  - Toucans. Rhamphastus, Brésil.
  - Torcols. Iynx torquilla, Europe, Asie, Nord de l'Afrique.
- **Passereaux.** Oiseaux petits jambes emplumées 3 doigts antérieurs 1 doigt postérieur.
  - **Dentirostres.** Mandibule supérieure offrant à son extrémité une échancrure plus ou moins accusée. Presque tous insectivores. Habitent les pays froids ou tempérés qu'ils abandonnent en hiver. Sont monogames et construisent fort habilement des nids ; plusieurs couvées par an.
    Sturnus vulgaris. Etourneau. Lanius, pie grièche. Turdus, merle, grive. Luscinia philomela, rossignol. Sylvia, fauvette. Troglodytes. Regulus, roitelet. Motacilla. Lavandière.
  - **Conirostres.** Bec conique et fort. Fringilla, pinsons. Passer, moineau. Alauda, alouette. Parus mésange. Corvus, corbeau. Pica, pie. Garrulus geai. Oriolus, Loriot. Paradisea, oiseau de paradis.

Autog. C. Laroche & ses Fils, 11. rue Madame.

Oiseaux (Suite)

Passereaux (Suite).

Fissirostres : Bec largement ouvert. **Diurnes** : Hirundo et Gypselus, Martinet (tarses emplumés) Colocalia. Salangane (tarses nus)
Nocturnes : Caprimulgus. Engoulevent.

Ténuirostres : Bec grêle très allongé et non échancré au bout. — Upupa, huppe. — Trochilides, Colibris. — Certhia, Grimpereau.

Syndactyles : Doigts externe et médian réunis entre eux jusqu'à l'avant dernière articulation.
Alcedo hispida, Martin-pêcheur. — Merops, guêpier. — Coracias, rollier. — Buceros, Calao.

Colombins ou Pigeons

Aussi bon voiliers que les passereaux. Le bec est faible un peu renflé dans le haut et recouvert par une peau molle. Pattes faibles. Monogames. Nourrissent leurs petits avec un liquide analogue au lait, qu'ils dégorgent. Ils pondent deux œufs couvés par le père et la mère. Il en sortira un mâle et une femelle. Ils boivent en aspirant.

Colombides : Ectopistes migratorius, pigeon voyageur. — Palumbus, pigeon ramier. — Columba livia, Biset. — Turtur, tourterelle.

Didunculides : Didus ineptus Dronte. Iles de la côte orientale africaine et îles Mascareignes. N'existe plus depuis quelques siècles.

Gallinacés. Forme lourde, pattes robustes, oiseaux coureurs.

Phasianides : Gallus, coq, ergot recouvert d'un ongle sur le métatarse. Crête charnue sur la tête. — Phasianus faisan, crête rudimentaire. Beaucoup d'espèces en Asie. Pavo, paon ♂ queue longue et belles couleurs ; ♀ queue courte, grise. Inde. Chez le Pavo spicifer la ♀ belles couleurs. Albinisme. — Argus Giganteus ♂ grandes plumes. Bornéo. Malacca. Lophophorus. Plumage à reflets métalliques. Inde.

Mégapodiides. Cou et tête en partie nus. — Talegallus, enterre ses œufs. Australie. Iles orientales de l'Inde.

Pénélopides : Crax et Hurax, Hoccos. Amérique du sud. — Penelope. Brésil. — Meleagris, dindons. Amérique du Nord.

Numidides : Numida Meleagris, pintade, Tête nue, casque corné, pattes sans ergot.

Tétraonides : Corps ramassé, cou court, bec fort : Tetrao, coq de bruyère, fossettes nasales remplies de petites plumes. Russie, Allemagne, Scandinavie. Lagopus. Lagopèdes bruns en été, blancs en hiver, pattes emplumées, pays froids. Perdix, perdrix. Coturnix dactylisonans, caille, émigre. Francolinus vulgaris, long bec, pattes armées d'ergot chez le ♂.

Echassiers jambes très longues, grêles dépourvues de plumes. Bec long généralement.

Pressirostres. Otis outarde ; bec médiocre, ailes courtes, pieds dont le pouce est trop court pour toucher terre.

Cultrirostres. Bec fort souvent très grand, quatre doigts bien constitués : Grus grue bec droit et peu fendu. — Ardea, héron, bec très fendu. Ciconia, cigogne ; Tantallus, bec fort doigts sub palmés. Leptoptilus, marabout, bec fort et sac à air sous le cou. — Platalea leucorodia, spatule blanche, bec très aplati antérieurement et élargi en spatule.

Longirostres. Bec long et faible : Ibis rubra, Amérique nord. — Threskiornis religiosa, Ibis sacré des Egyptiens. Scolopax, bécasse : — Gallinago bécassine : — Totanus chevalier ; — Machetes, combattant ; — Recurvirostra avocetta, Avocette.

Macrodactyles. Doigts très développés ; Rallus Râle ; Bec à crête arrondie. — Fulica foulque. Bec écussonné.

Flamants ou Phénicoptères. Bec recourbé brusquement au milieu pourvu de lamelles aplaties, pattes palmées. Afrique septentrionale.

Palmipèdes Oiseaux aquatiques à doigts palmés.

Longipennes. Longues ailes pointues, 3 doigts palmés, et 1 doigt libre ou absent, bec fort, crochu au bout généralement. Sterna, hirondelle de mer. Larus, goëlands ; Diomedea exulans, Albatros des mers du sud. — Procellaria, pétrel.

Totipalmes. Les quatre doigts sont palmés : Pelecanus, Corps long, bec long et plat recourbé en crochet et pourvu d'une grande poche entre les branches très écartées de la mandibule inférieure. — Halieus, cormoran. — Tachypetes aquila, Frégate, bec très long, crochu, ailes et queue très longues ; queue profondément bifurquée.

Lamellirostres. Bec denticulé ou garni de lamelles sur les bords. Cygnus, Cygne ; — Anser, Oie ; — Anas canard ; Anas molissima Eider, mers du Nord, recherché pour son duvet. — Mergus, Harle ; bec long, crochu et dentelé sur les bords.

Brachyptères. Ailes en forme de nageoires ou rudimentaires, plumes des ailes écailleuses. Plumage épais. Aptenodytes patagonica grand manchot. — Alca impennis, Pingouin brachyptère. — Mormon, Macareux. Mers du Nord. — Podiceps cristatus. Grèbe huppé. Doigts garnis de larges expansions membraneuses lobées. Colymbus, plongeon.

Autog. G. Laroche & ses Fils, Paris

Reptiles.

Vertébrés à sang froid représentés par 4 types principaux, auxquels Alexandre Brongniart donna les noms de **Ophidiens**, ou serpents, **Sauriens** ou lézards. Chéloniens ou tortues. On a depuis, séparé des Sauriens, les Crocodiliens. Nous allons indiquer comparativement les caractères les plus importants de ces 4 ordres.

— **Forme extérieure.** **Ophidiens.** Peau couverte d'écailles, corps privé de membres, et allongé. Gueule très large. Orifice cloacal transversal. Pas d'orifice extérieur pour les organes de l'ouïe ; 2 orifices pour les narines.

Sauriens. Peau couverte d'écailles ; corps moins allongé ; pourvu de 2 paires de membres ; gueule large ; 2 orifices nasaux ; quelquefois tympan apparent extérieurement. Orifice cloacal transversal.

Chéloniens. Corps trapu, protégé par une carapace osseuse recouverte d'écailles. 4 membres ; tympan apparent. Bouche large. 2 orifices nasaux ; orifice cloacal longitudinal et placé sous la queue.

Crocodiliens. Corps ressemblant à celui des sauriens, protégé par des plaques épaisses, pourvu de 4 membres. Gueule très large. 2 orifices nasaux ; oreilles fermées par deux valvules, chevauchant l'une sur l'autre.

— **Squelette.** **Colonne vertébrale.** **Ophidiens.** Très longue, présente jusqu'à 400 vertèbres chez un python. Les vertèbres sont presque semblables, on ne distingue pas de régions. Toutes portent des côtes, excepté l'Atlas et les dernières caudales. Toutes ces vertèbres sont procoeliques (concaves, en avant). Les côtes sont dirigées en dehors et servent à la reptation.

Sauriens. Il est aisé de distinguer la région cervicale ; la région dorsale est peu distincte de la région lombaire. La région sacrée a 2 vertèbres. La région caudale est bien nette. Les côtes sont soudées à un sternum, dans la région antérieure.

Chéloniens. On distingue les régions cervicale, dorsale, sacrée, caudale ; les vertèbres sont procoeliques, amphicoeliques ou acoeliques. La région dorsale présente 10 vertèbres immobiles ; les 8 moyennes servent à constituer la carapace dorsale. Au-dessus du corps de la vertèbre qui porte les côtes se trouve l'arc neural présentant une épine surmontée d'une plaque dite neurale. Cette plaque s'articule avec une plaque dite costale, qui s'appuie sur la côte. Outre ces pièces portées par les vertèbres dorsales, il y a en avant une plaque dite nuquale et en arrière 3 plaques dites pygales (du grec Πυγαῖος ; croupion), enfin une série de plaques marginales. La plaque ventrale est formée par 9 os. 1 médian et 8 formant 4 paires.

Crocodiliens. 5 régions bien nettes (cervicale, dorsale, lombaire, sacrée, caudale). Les 2 vertèbres sacrées donnent insertion à l'os iliaque. Toutes les vertèbres sont procoeliques. Les côtes sont très développées, il en existe même à la portion cervicale, elles sont unies à un sternum qui se soude avec les os du bassin.

— **Crâne.** Il s'articule par un seul condyle occipital. Il est formé par un certain nombre d'os dans le détail desquels je n'entrerai pas. Chez les Ophidiens, par exemple, le maxillaire supérieur porte des dents, il s'articule en arrière avec l'os palatin au bout duquel se trouve le ptérygoïdien. Ce maxillaire est relié au ptérygoïdien par un os transverse. Le maxillaire inférieur s'articule avec l'os carré et c'est au point de réunion de ces deux os qu'aboutit le ptérygoïdien. Chez les Crocodiliens, l'os carré fait partie du crâne.

— **Membres.** — **Ophidiens.** La ceinture scapulaire manque toujours ; la ceinture pelvienne existe q. q. fois cachée sous la peau (Boa). **Sauriens.** Les ceintures scapulaire et pelvienne existent toujours, mais les membres peuvent manquer (Orvet). **Crocodiliens.** Les membres existent toujours. **Chéloniens** Les membres existent toujours. L'omoplate est uni à l'apophyse transverse de la 1ère vertèbre dorsale.

— **Organes de la digestion.** — **Dents.** — **Ophidiens.** Les dents sont soudées sur les maxillaires, sur le palatin et le ptérygoïdien. Chez les serpents venimeux, il y a de grands crochets au maxillaire supérieur, ces crochets présentent un canal de la pulpe dentaire ; en outre elles sont cannelées ou bien ont un sillon ou encore un vrai canal : cette cannelure, ce sillon ou ce canal, distincts du canal de la pulpe dentaire, servent au passage du venin secrété par une glande salivaire modifiée qui est située sous le muscle temporal.

Sauriens. Les dents sont petites, coniques, soudées à l'os, et rarement implantées dans les alvéoles, tandis que chez les **Crocodiliens** elles sont implantées dans de vraies alvéoles. Chez les **Chéloniens** les dents sont remplacées par un rebord dur et corné.

— **Langue.** **Ophidiens.** Elle est petite, lisse, bifide et peut se retirer dans une sorte de gaine. Chez les les **Sauriens** elle est très variable. Chez les **Crocodiliens** elle est large et plate. Chez les **Chéloniens** elle est charnue et arrondie.

— **Tube digestif.** — Offre des parties peu distinctes ; cependant l'oesophage peut se dilater facilement ; l'estomac ne diffère de l'intestin que par sa largeur plus grande, ce dernier forme un grand nombre de petites circonvolutions. Le rectum débouche dans un cloaque. Le foie est volumineux, brunâtre, allongé ; il existe une vésicule biliaire, le pancréas est petit. La rate arrondie est petite et rougeâtre.

— **Respiration.** Tous les reptiles respirent à l'aide de poumons ; chez les **Ophidiens**, l'un des poumons est atrophié ; chez les **Chéloniens**, ils adhèrent à la paroi dorsale. **Circulation.** Le coeur est à 3 cavités ; un ventricule incomplètement divisé en deux loges et deux oreillettes. Le sang contenu dans le ventricule est un mélange de sang veineux et artériel ; répandu par des artères dans tout le corps, il revient veineux à l'oreillette droite. De là il va aux poumons où il s'artérialise et revient au ventricule après avoir traversé l'oreillette gauche. Chez les **Crocodiliens** seulement, le coeur est divisé en 4 cavités, il y a deux ventricules distincts. Mais les deux troncs aortiques communiquent presque à leur début par une ouverture le Foramen Panizzæ de sorte qu'il n'y a que les troncs artériels partant de l'aorte artérielle avant le Foramen Panizzæ qui transportent du sang artériel, ils se rendent à la tête. La tête reçoit donc seule du sang artériel pur.

Autog. C. Laroche & ses Fils, 11, rue Madame.

Reptiles (Suite)

Organes génito-urinaires. Les reins allongés, d'un brun jaunâtre, sont placés symétriquement de chaque côté de la colonne vertébrale. Les sexes sont séparés. Les testicules, réniformes, blanchâtres ont un canal efférent enroulé en un épididyme d'où part un canal déférent qui débouche dans le cloaque. Les ovaires sont allongés et non réunis aux oviductes; ceux-ci s'ouvrent dans la cavité abdominale par une trompe dilatée et débouchent dans le cloaque.

Cloaque; Ophidiens. Fente transversale au fond de laquelle se trouvent l'ouverture anale, celles des uretères et des conduits génitaux. Chez le mâle il y a deux verges qui peuvent sortir au dehors et qui sont armées de papilles. Il n'y a pas de vessie. Sauriens. Disposition analogue, mais il y a une vessie. Crocodiliens. Cloaque distinct, pénis simple, pas de vessie. Chéloniens. Disposition analogue; mais il existe une vessie.

Système nerveux. Les lobes olfactifs sont volumineux, plus gros que les lobes cérébraux qui sont plus développés que les lobes optiques. Le cervelet recouvre en partie le 4e ventricule.

Classification.

Ophidiens. Corps allongé, pas de ceinture scapulaire, q.q. fois une ceinture pelvienne; pas de membres. Dents courbes pointues, maxillaire inférieur à branches non soudées; pas d'organe auditif externe; pas de paupières; pas de vessie; peau à épiderme caduc d'une seule pièce; œufs à coque résistante, mais molle.

- Dents à l'une des mâchoires seulement, soit en haut, soit en bas. Opotérodontes.
- Dents aux deux mâchoires
  - Dents lisses pleines, serpents non venimeux ou Aglyphodontes. Boa constrictor Brésil. Python molurus. Inde. — Coronella laevis. Couleuvre lisse, Europe. Tropidonotus natrix. Couleuvre à collier. — Coluber Aesculapii, c. d'Esculape. Eur. mérid. etc. Ces couleuvres présentent des grandes plaques sur la tête.
  - Dents de devant sillonnées, suivies de dents lisses. Protéroglyphes. Naja tripudians serpent à lunettes. Bengale. Elaps corallinus. Serpent Corail. Amérique du Sud.
  - Plusieurs dents sillonnées devant et suivies de crochets lisses. Solénoglyphes. Cerastes aegyptiacus. Vipère cornue. — Crotalus, serpent à sonnettes, Amér. du sud. Trigonocephalus Amér. du Nord. — Bothrops lanceolatus. Fer de lance. Martinique. Vipera aspis, vipère commune, n'a pas de plaques, mais de petites écailles sur la tête. — Pelias berus, petite vipère, présente, outre ses petites écailles 3 plaques sur la tête.

Sauriens. Ceinture scapulaire et pelvienne. Généralement des membres; un sternum, d'ordinaire un tympan, paupières mobiles, vessie urinaire, mâchoires non extensibles. œufs à coque résistante, mais presque molle. Chamaeleon vulgaris. Caméléon. Afrique. Pieds préhensiles, divisés en 2 groupes, queue enroulable. Grande paupière n'ayant qu'une petite ouverture au milieu. Langue protractile longue. peau chagrinée. — Basiliscus Amérique Sud. — Draco. dragons, pli latéral en forme de parachute, s'étendant sur les côtes très allongées. Anguis fragilis orvet, pas de membres. Scincus; Gongylus, Egypte. — Lacerta (En France on trouve L. viridis — L. ocellata — L. vivipara — L. stirpium — L. muralis.) Monitor niloticus, Varan du Nil. — Platidactylus facetanus. Gecko des murailles. — Pterodactylus, Rhamphorhynchus. Sauriens volants de l'Époque jurassique.

Hydrosauriens. — Grands sauriens aquatiques à membres bien développés et à dents implantées dans de vraies alvéoles. Les œufs des Crocodiliens sont allongés et pourvus d'une coquille calcaire.

- **Enaliosauriens.** Peau nue, vertèbres biconcaves, pattes transformées en nageoires. Époque secondaire. Nothosaurus (Trias). — Plesiosaurus (Époques jurassique et crétacée). — Ichthyosaurus (Époques jurassique et crétacée)
- **Crocodiliens.** — Plaques dermiques osseuses, quatre pattes munies de griffes.
  - Crocodilus vulgaris: Crocodile du Nil, la quatrième dent de la mâchoire inférieure se loge dans une échancrure entre les maxillaires supérieurs et l'intermaxillaire.
  - Alligator, Caïman: Amérique. La 4e dent antérieure de la mâchoire inférieure se loge dans un trou du maxillaire supérieur.
  - Rhamphostoma gangeticum. Gavial du Gange. Indes, museau très allongé.

Chéloniens. Reptiles à carapace osseuse sur le dos et sur le ventre; pourvus de 4 pattes; pas de dents. Les œufs sont ronds et pourvus d'une coquille calcaire.

- **Chéloniades** Tortues marines. carapace plate, plastron souvent cartilagineux, pattes transformées en nageoires. Fournissent de l'écaille. Chelonia imbricata. Caret. Océans Atlantique et Indien.
- **Tryonycides.** Carapace aplatie, ovale, pas complètement osseuse, narines prolongées en trompe. Trionyx ferox. Tortue des fleuves de la Caroline; sa chair est estimée, sa morsure est dangereuse.
- **Chelydes.** Carapace un peu bombée osseuse et soudée au plastron; doigts libres, munis de griffes et palmés. — Chelys Tête plate à lobes charnus et barbillons. Amérique du Sud.
- **Émydes.** Tortues d'eau douce. Carapace peu bombée. Doigts munis de griffes. Cistudo Europaea, se trouve en France. — Emys, Mer Caspienne, Grèce, Algérie.
- **Chersides.** Tortues de terre. Carapace bombée, ossifiée comme le plastron; pattes grosses, doigts immobiles. Testudo graeca. Europe méridionale. Testudo mauritanica. Algérie &a. C'est dans ce groupe que se place la Tortue Éléphantine de l'îlot d'Aldabra (Océan Indien).

Lith. C. Laroche & ses Fils, 11. rue Madame.

Vipera aspis.
Peliasberus
Trigonocephalus piscivorus
Crotalus durissus
Coronella lævis
Vipera aspis
Tropidonotus Viperinus
Cerastes Ægyptiacus
Caméléon d'Algérie
Queue d'Echidna arietans.
ouverture cloacale
Os carré
M. S.
Os transverse
Palatin
Ptérygoïdien
Tête de Crotale
Épine
Arc neural
Corps de Vertèbre
Vertèbre
Queue de Tortue
Ouverture cloacale
Encéphale de Chélonée
Moelle épinière
4e Ventricule
Cervelet
Lobes optiques
Lobes cérébraux
Lobes olfactifs
Tête de Couleuvre à collier
Tête de Crocodilus Americanus
Tête de Crocodilus Pacificus
Appareil respiratoire
Veine pulmonaire
Artère pulmonaire
o. d
o. g
V.
Veine Cave
Aorte
Capillaires
Circulation des Reptiles
Appareil respiratoire
Artère pulmonaire
Veine pulmonaire
o. d
o. g
v. d.
v. g.
Veine Cave
Foramen Panizzæ
Artère se rendant à la tête
Aorte
Capillaires
Circulation des Crocodiles

E. Laroche et ses Fils, 11, rue Madame.

Batraciens ou Amphibiens. — Caractères généraux. — Vertébrés à température variable, dont la peau est généralement nue, à métamorphoses. Corps allongé, cylindrique ou comprimé, disposé pour la marche, la nage ou pour la natation et souvent terminé par une queue aplatie ou cylindrique. Les membres sont au nombre de 4 ; généralement les antérieurs sont plus courts que les postérieurs ; ils peuvent manquer (Cécilies). La peau est nue, elle sert à la respiration et renferme des glandes et des pigments ; elle secrète des liquides caustiques. L'épiderme se renouvelle constamment par lames. **Squelette.** Il existe des restes de la corde dorsale. Les vertèbres sont biconcaves. On distingue le corps de la vertèbre, avec un arc neural présentant à son sommet une neurépine et sur les côtés des parapophyses très longues qui représentent les côtes souvent absentes. Les hémaux n'existent que dans la queue. Le crâne présente des pièces cartilagineuses. L'appareil maxillaire est soudé avec le crâne. Le maxillaire inférieur est suspendu à un prolongement du hyomandibulaire. Ce prolongement est l'os carré. Chez tous il existe des arcs branchiaux, rudimentaires chez les Amphibiens qui n'ont pas de branchies persistantes. Les membres ont une ceinture pelvienne et scapulaire. Il y a un sternum cartilagineux : chez quelques-uns, on reconnait un omoplate ; une petite clavicule et un gros coracoïdien. Les os du bassin présentent des iliaques très allongés, des os du pubis et de l'ischion. On distingue entre les iliaques un prolongement de la colonne vertébrale ou urostyle. **Système nerveux.** Il présente des lobes cérébraux moyens en avant desquels on voit les lobes olfactifs et les nerfs olfactifs ; les lobes optiques sont très gros ; le cervelet est très petit, la moëlle allongée montre une excavation triangulaire qui est le 4e ventricule. Les yeux existent toujours, mais ils peuvent être cachés sous la peau. Les organes de l'ouïe sont généralement constitués par un labyrinthe à trois canaux demi-circulaires ; ils sont entourés par un rocher. Une caisse du tympan existe libre ou recouverte par la peau ; elle communique par une trompe d'Eustache avec l'arrière bouche et est fermée à l'extérieur par un tympan relié à la fenêtre ovale par une columelle. Il existe pour l'odorat une paire de fosses nasales. La langue est souvent organe préhensile et présente des papilles gustatives. Le tact s'exerce par la peau. **Respiration.** Elle s'exerce tantôt au moyen de poumons, tantôt à l'aide de branchies externes ou internes. Les poumons sont deux sacs à cavités celluleuses grandes. La respiration pulmonaire se fait par des contractions des muscles abdominaux ou par des mouvements des muscles de l'os hyoïde. On remarque un organe vocal ou larynx chez les anoures. **Circulation.** Lorsque l'animal respire par des branchies, la circulation est simple. Lorsque les poumons se développent, la respiration devient double, c'est-à-dire que le cœur se divise en deux oreillettes, mais il n'y a qu'un ventricule ; le cœur présente un bulbe aortique et un sinus veineux. L'aorte est volumineuse et se divise promptement. Les vaisseaux lymphatiques sont bien développés. Les globules rouges sont elliptiques et à noyau. **Digestion.** La bouche est large et les mâchoires présentent de petites papilles dures ou dents : la langue est insérée en avant de la bouche ; l'œsophage est large, l'estomac n'est qu'une dilatation du tube digestif qui se continue par un intestin replié plusieurs fois et qui est maintenu par une membrane péritonéale. Les lobes du foie sont volumineux ; la vésicule biliaire est très apparente ; la rate est rouge et petite ; le pancréas existe. Les organes urinaires sont formés par une paire de reins. Les canaux aboutissent dans une vessie. **Reproduction.** Les mâles ont une brosse copulatrice au 1er doigt de chaque main. Les testicules sont gras et les canaux déférents vont se confondre avec les canaux urinaires ; il y a une paire de canaux uro-spermatiques, à la base de chacun desquels se trouve une vésicule séminale. Chez les femelles, les oviductes sont volumineux et à nombreux replis. L'extrémité antérieure est un entonnoir et reçoit les œufs qui sont sortis de l'ovaire et qui sont tombés dans la cavité abdominale. Les oviductes se continuent par un utérus qui débouche dans un cloaque. Il n'y a pas d'accouplement ; le mâle féconde les œufs à la sortie. **Métamorphoses.** Les œufs sont petits, il n'y a ni amnios, ni allantoïde. La larve qui vient d'éclore a une queue aplatie et des branchies externes. Bientôt celles-ci s'atrophient et des branchies internes se développent. Enfin des sacs pulmonaires apparaissent tandis que les branchies s'atrophient. A ce moment, les membres se montrent et la queue disparait. Chez les batraciens anoures, il en est ainsi, mais chez les urodèles, la queue persiste et chez les perennibranches, les branchies externes mêmes restent (Protée, Axolotl).

Autog. C. Laroche & ses Fils, 11, rue Madame.

Batraciens ou Amphibiens. – Classification.

Vertébrés à température variable à peau nue (excepté chez les Cécilies). Respiration branchiale ou pulmonaire à l'état adulte. Circulation simple chez la larve, double chez l'adulte, mais incomplète. Deux condyles. Embryon sans amnios ni allantoïde. Métamorphoses.

Anoures. — Pas de queue à l'état adulte, peau nue, vertèbres procœliques (du grec κοῖλος creux); membres bien développés; branchies à l'état de larve, poumons à l'état adulte.

- **Discodactyles.** Pelotes adhésives à l'extrémité des doigts; une langue. — Hyla, rainette. Dendrobates.
- **Oxydactyles.** Doigts pointus, une langue; pupille ronde, transversale ou verticale. — Rana grenouille. Bufo crapaud. Alytes obstetricans, crapaud accoucheur. Pelobates. Bombinator, sonneur à ventre jaune.
- **Aglosses.** Corps plat, pas de langue. Pipa de la Guyane, après l'accouplement le mâle place les œufs sur le dos de la femelle, la peau se gonfle, il se forme des cellules dans lesquels les œufs éclosent.

Urodèles. Plus allongés, queue persistante, membres courts. Branchies à l'état de larves, poumons à l'état adulte, ou Branchies persistantes.

- **Salamandrines** Pas de branchies à l'état adulte, pas d'orifices branchiaux, vertèbres opisthocœliques. — Triton (plusieurs espèces en France). Salamandra, salamandre terrestre. Protriton petrolei schistes permiens de Muse. Amblystoma axolott sans branchies.
- **Pérennibranches** Queue persistante, 3 branchies externes persistantes. Vertèbres amphicœliques. — Siren, sirène. Proteus, protée. Eaux des cavernes de la Carniole. Siredon, axolott. Mexique.

Apodes. Vermiformes, petites écailles sans membres, vertèbres amphicœliques. Cécilides.

Labyrinthodontes. Formations carbonifères, permiennes et triasiques. Chirotherium, grès bigarré d'Angleterre. Archegosaurus, carbonifère.

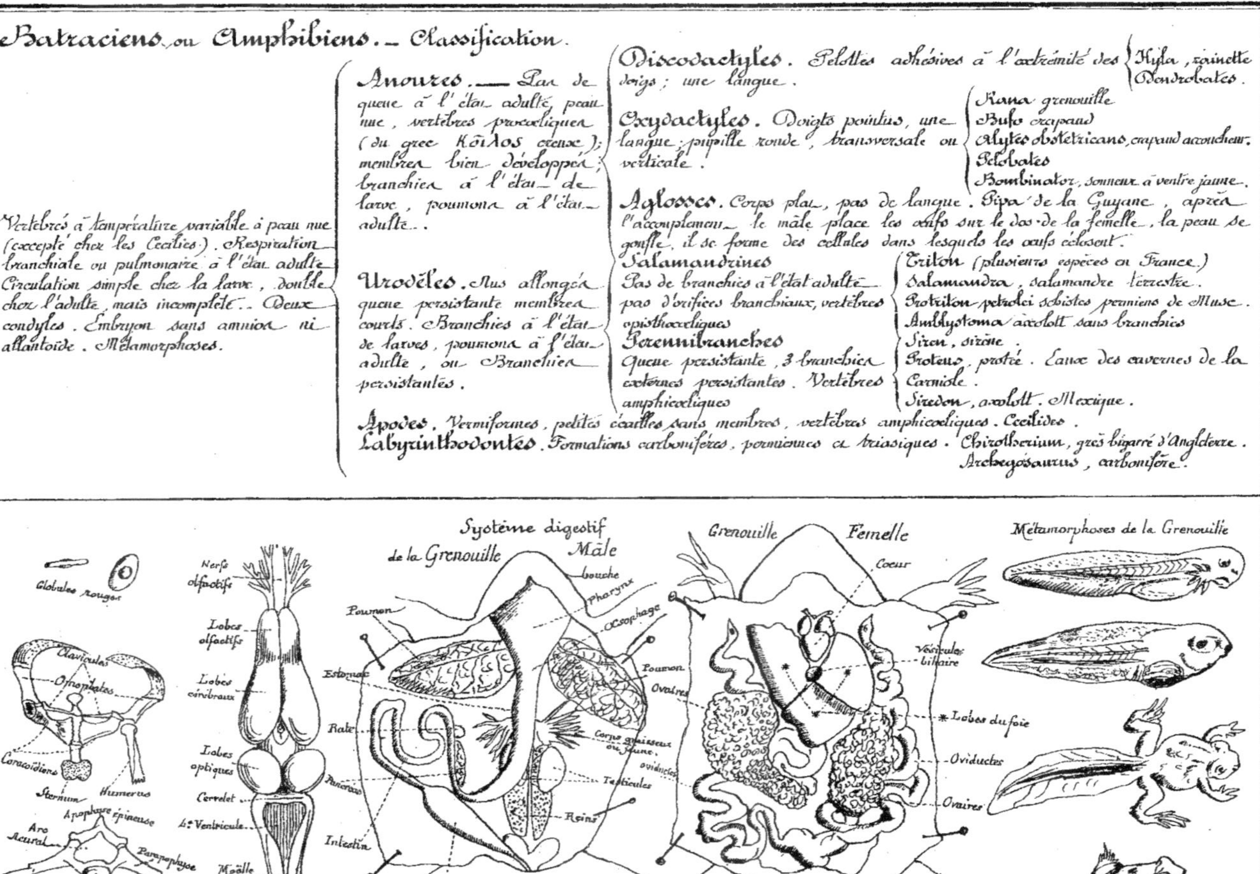

Autog. C. Laroche & ses Fils, 11 rue Madame. Paris.

Poissons.

Caractères généraux. — (Nous prenons pour type un poisson osseux) Vertébrés aquatiques à sang froid, corps allongé fusiforme. Chez la plupart des poissons, le corps est couvert d'écailles imbriquées, la tête en est dépourvue. Ces écailles sont de formes variables et présentent sur leur face externe des ornements divers et sont souvent colorées de vives couleurs.

Squelette interne. — Il se compose de la colonne vertébrale, de la tête et des membres. Vertèbres. Le corps de la vertèbre est biconcave, généralement percé dans son milieu et renferme les restes de la corde dorsale. Supérieurement est un arc dorsal qui contient la moëlle épinière et un ligament. Les côtes s'articulent sur des apophyses à la partie inférieure de la vertèbre ; elles sont libres à leur extrémité inférieure. Il n'y a jamais de sternum. La colonne vertébrale se termine par un appendice allongé, l'urostyle qui loge l'extrémité de la corde dorsale. Le crâne et la face se composent d'un très grand nombre d'os. Le maxillaire supérieur est divisé et présente un os qui porte des dents, c'est le prémaxillaire. Le maxillaire inférieur est divisé en 3 os, le dental, l'articulaire et l'angulaire ; l'articulaire s'articule avec l'os carré. Le palatin s'articule sur l'os carré. **Appareil hyoïdien.** Il est constitué par l'arc hyoïdien proprement dit qui est suivi de 5 arcs. L'arc hyoïdien s'articule avec l'os hyo-mandibulaire. Les 4 arcs suivants s'articulent avec les pharyngiens supérieurs. Le 5ème arc qui est libre en haut représente les pharyngiens inférieurs. Tous ces arcs s'articulent inférieurement avec 6 osselets situés dans la ligne médiane entre les maxillaires inférieurs. L'arc hyoïdien est composé de 4 os, dont l'un, le cératohyal porte les rayons branchiostèges. Ces derniers, ainsi que l'appareil operculaire, protègent les branchies. Cet appareil est formé par la réunion de 4 os : l'opercule, le sous-opercule, l'inter-opercule et le préopercule. **Nageoires et membres** Les nageoires sont paires ou impaires ; les nageoires paires sont souvent considérées comme les représentants des membres des vertébrés supérieurs ; on compte 2 nageoires thoraciques et 2 nageoires abdominales ; ces deux paires de nageoires s'articulent avec des os considérés comme les représentants des ceintures scapulaire et pelvienne. Il existe 3 nageoires impaires ; l'une la dorsale est soutenue par des rayons osseux très résistants ; la seconde est dite anale, elle est située en arrière de l'anus ; la troisième est située à l'extrémité de la colonne vertébrale, c'est la caudale.

Système nerveux. — Encéphale : lobes olfactifs très développés ; hémisphères ou lobes cérébraux plus volumineux ; les lobes optiques sont plus gros encore, le cervelet leur fait suite ; viennent enfin la moëlle allongée et la moëlle épinière. Les organes des sens sont généralement bien développés. Le sens du toucher peut s'exercer par le bord des lèvres qui est souvent frangé et fourni de nerfs ou bien encore par les barbillons ; les rayons digitiformes des trigles et les filaments pêcheurs de la Baudroie ont le même but. Le sens du goût est peu développé. Le sens de l'odorat réside dans deux fossettes creusées à l'extrémité du museau. Les nerfs olfactifs se ramifient dans la membrane épithéliale qui tapisse ces sortes de fosses nasales. Le sens de l'audition est bien développé : il n'existe qu'une oreille interne qui se compose d'une série de canaux membraneux renfermés dans des sacs osseux ; leur forme est assez compliquée. Le sens de la vue est fort bien développé. Les yeux sont gros et le cristallin est volumineux et sphérique. **Ligne latérale.** On remarque sur chacun des côtés des poissons téléostéens une ligne formée par l'écartement régulier des écailles, et au-dessous de laquelle se trouve un canal qui va de la queue jusqu'au museau en passant par les os du crâne et s'y ramifiant. Il émet des canalicules aux pores qui s'ouvrent à travers les écailles ; sa constitution histologique diffère suivant l'âge de l'animal. On suppose que cet appareil est un complément des organes de l'ouïe pour permettre de percevoir les ondulations de l'eau ambiante.

Digestion. — La bouche spacieuse présente des dents nombreuses ou est inerme. Les dents se trouvent dans toutes les parties de la bouche elles sont destinées à retenir la proie, plutôt qu'à la couper. L'œsophage est court et conduit dans un estomac peu dilaté, à la suite duquel vient l'intestin replié plusieurs fois sur lui-même et dont les circonvolutions sont maintenues par une membrane péritonéale. L'anus s'ouvre en avant de l'orifice génito-urinaire et de la nageoire anale. Le foie brun ou jaunâtre est gros, la vésicule biliaire est grande. La rate est grosse et d'un rouge foncé. Les reins sont placés de chaque côté de la colonne vertébrale dans la cavité abdominale et s'étendent jusqu'à la tête. Il en part deux uretères qui débouchent dans une grande vessie urinaire à laquelle fait suite un urèthre court.

Respiration. — Les poissons respirent à l'aide de branchies portées par les arcs branchiaux et varient de formes. Ils possèdent un appareil hydrostatique ou vessie natatoire située dans la cavité abdominale sous la colonne vertébrale et étranglée dans son milieu. L'extrémité postérieure se termine en pointe fermée, et par l'autre extrémité, elle communique avec l'œsophage par un canal pneumatique. Les parois de cette vessie natatoire sont riches en vaisseaux sanguins et peuvent jouer le rôle de poumons. **Circulation.** — La circulation est complète, le cœur est veineux, il n'a qu'un ventricule et qu'une oreillette. Le sang part veineux du ventricule, il se rend aux branchies où il s'artérialise ; les artères le distribuent dans tout le corps, et rendu veineux, il revient dans l'oreillette.

Reproduction. — Les sexes sont séparés, les ovaires et les testicules se ressemblent beaucoup pour la forme ; ils sont situés dans l'abdomen de chaque côté de la colonne vertébrale. Les œufs sont nombreux, sont le plus souvent abandonnés et sont fécondés quand le mâle les rencontre. L'élément fécondateur est ce qu'on appelle "laitance".

Emigration. — Certains poissons de mer émigrent. Les uns remontent les fleuves pour y pondre ; d'autres vont en masse chercher leur nourriture.

Autog. C. Laroche & ses Fils, 11 rue Madame, Paris.

Poissons. Classification.

Poissons osseux ou Téléosteens. Squelette osseux, branchies libres; une seule ouverture operculaire : pas de chiasma optique.

- **Acanthoptérygiens.** Aiguillons des nageoires durs; branchies pectinées, vessie natatoire close.
  - Perca, perche. — Mullus barbatus, le vrai rouget. — Trigla cuculus, grondin ou faux rouget. — Dactylopterus, poisson volant. — Nageoires pectorales très grandes. — Labrax lupus, bars commun. — Gasterosteus, épinoche, construit des nids : un mucus âcre lubréfie ses aiguillons. — Scomber scombrus, maquereau. — Scomber thinnus, thon. — Xyphias gladius, espadon. — Trachinus, vives. — Macropodus venustus, beau macropode de Chine. — Chromis pater-familias, loge ses petits dans sa bouche. — Toxotes, archer, décoche des gouttes d'eau sur les insectes dont il veut faire sa nourriture. Gange.
- **Malacoptérygiens.** Nageoires à rayons mous, vessie natatoire pourvue d'un canal aérien.
  - **Abdominaux.** Nageoires ventrales situées en arrière des nageoires pectorales.
    - Cyprinus carpio, carpe. — C. Barbus, barbeau. — C. Gobio, goujon. — C. Tinca, tanche. — C. Brama, brême. C. Dobula, meunier. — C. Alburnus, ablette. — C. Phoxinus, veron. — Cobitis, loche. — Esox lucius, brochet. Silurus, silure. — Malapterurus, malapterure du Nil; poisson électrique. — Salmo fario, truite commune. — Salmo truitta, truite saumonnée. — Salmo salar, saumon. — Salmo éperlanus, éperlans. — Clupea harengus, hareng. — C. Sardina, sardine. — C. Alosa, alose. — C. Encrasicholus, anchois.
  - **Sub-branchiaux.** N. ventrales placées en avant des n. pectorales.
    - Platessa Platessa, plie. — Rhombus maximus, turbot. — Solea vulgaris, sole.
    - Morrhua vulgaris, morue, banc de Terre-Neuve ; huile de foie de Morue.
    - Naucrates, remora, ventouse sur la tête.
  - **Apodes.** Pas de n. ventrales.
    - Anguilla, anguille. — Muraena, murène. — Conger, congre. — Gymnotus, gymnote électrique.
- **Lophobranchea.**
  - Corps cuirassé, museau très allongé, en tube, dépourvu de dents, branchies en houppes ; orifice branchial très étroit.
  - Syngnatus, cheval marin. — Hyppocampus.
- **Plectognathea.**
  - Corps globuleux ou très comprimé latéralement ; bouche à ouverture étroite ; pas de nageoire ventrale généralement, peau fortement cuirassée : Diodon. — Ostracion, coffres, queue articulée. — Balistes, trois épines sur le dos, dont la plus antérieure est la plus grande. — Tetrodon, mâchoire supérieure divisée par une suture médiane.

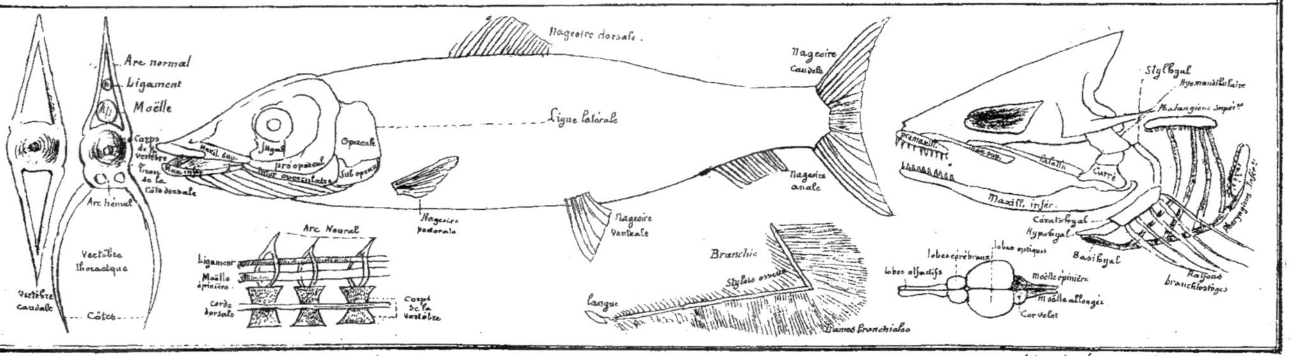

Autog. C. Laroche & ses Fils, 11. rue Madame. Paris

Poissons Ganoïdes (du grec γανώδης, brillant).

Cet ordre établi par L. Agassiz, était beaucoup mieux représenté aux époques géologiques antérieures à la période actuelle. La peau est couverte d'écussons osseux ou d'écailles osseuses rhomboïdales recouvertes d'une couche d'émail, et logées dans la peau comme les écailles des poissons osseux; la peau est nue chez le genre Spatularia. Le squelette est osseux ou cartilagineux. La capsule cranienne, presque entièrement cartilagineuse présente des os de recouvrement; les mâchoires et l'appareil operculaire sont ossifiés. Les vertèbres généralement biconcaves s'ossifient progressivement; les côtes sont souvent osseuses. Les nageoires pectorales sont grandes; la nageoire caudale est le plus souvent hétérocerque, mais on trouve des espèces à nageoire caudale presque homocerque. Le bord supérieur et le rayon antérieur des nageoires, surtout à la caudale, présente des écailles en chevrons ou fulcres. Cœur garni de plusieurs rangées de valvules. Branchies libres dans la cavité branchiale, fermée par un seul opercule; cet opercule porte souvent une branchie accessoire qu'il ne faut pas confondre avec la pseudo-branchie de l'évent. Les caractères des branchies rapprochent les Ganoïdes des Téléostéens, tandis que les caractères du tube digestif, les rapprochent des squales; en effet, il y a comme chez ces derniers, une valvule en spirale dans l'intestin grêle. Tous les ganoïdes sont pourvus d'une vessie natatoire munie d'un canal aérien. Les œufs tombent dans la cavité ventrale et passent ensuite dans un oviducte dont l'extrémité est large et évasée. Ces oviductes ou bien débouchent dans l'uretère, ou bien se réunissent et débouchent derrière l'anus. L'appareil mâle diffère peu de celui des femelles. Les nerfs optiques ne se croisent pas, mais il y a un chiasma. On divise les ganoïdes de la manière suivante:

Ganoïdes cyclifères { Écailles arrondies et libres du côté postérieur; homocerques et à squelette ossifié (Amides) ou hétérocerques et à squelette en partie cartilagineux (Holoptichiides, terrain dévonien).

Ganoïdes rhombifères { Écailles rhomboïdales osseuses, couvertes d'émail, unies par le bord; Polyptérides, Lépidostéides (genres Palæniscus et Amblypterus terrain houiller jusqu'au trias) Acanthodiens, Diptériens et Pycnodontes (qui sont tous fossiles).

Ganoïdes cuirassés { Pas de vraies écailles, plaques osseuses, squelette cartilagineux, corde dorsale: Spatularides, corps nu, et Sturioniens. Les Sturioniens ne comprennent qu'un genre vivant (Accipenser) et un genre fossile (Chondrosteus. Lias). Chez le genre Accipenser ou Esturgeon, la bouche est située sous la tête, elle est inerme et protractile. Le museau est prolongé pour fouir. — Accipenser huso, grand esturgeon de 4 à 5 mètres, pesant 400 à 500 kilogs présente des plaques osseuses sur la tête et 5 rangées sur le corps. Les nageoires sont grandes et puissantes. Ac. Sturio, esturgeon long de 2 mètres. Ac. rhutenus, sterlet, 0m80 de long. Les esturgeons se trouvent dans la Méditerranée, dans la mer Noire et la Caspienne. Les Sturioniens fournissent une chair délicate. Les femelles pondent sur les bancs de sables dans les fleuves (Volga, Don, Dniéper) et non dans la mer. Une femelle de 2 à 3 mètres pond 1 million d'œufs (Caviar). Leur vessie natatoire sert à faire la colle de poisson.

Poissons cartilagineux ou Chondroptérygiens. — Le crâne est constitué pour ainsi dire par une seule pièce. La mâchoire inférieure cartilagineuse est réunie au crâne. Les vertèbres cartilagineuses quelquefois biconcaves, présentent des arcs supérieurs et inférieurs. Les côtes sont rudimentaires. La peau ne présente pas d'écailles, mais est recouverte souvent de petites papilles ossifiées (Placoïdes) ou bien il existe des plaques osseuses munies d'un appendice pointu (Raies). Il n'y a pas de rayons branchiostèges. Les nageoires pectorales abdominales sont grandes, supportées par des rayons membraneux, ou molles; il y a généralement une nageoire dorsale; la nageoire caudale est complètement hétérocerque. **Respiration.** — Les branchies diffèrent de celles des poissons osseux; au lieu d'une cavité branchiale commune, il existe de chaque côté du cou 5 (6 ou 7) sacs branchiaux sur les parois desquels sont fixées les lames branchiales. A chaque sac branchial correspond une ouverture. Il n'y a pas de vessie natatoire. **Digestion.** La bouche est large, les dents sont nombreuses et implantées dans la membrane muqueuse; elles sont plates et tranchantes ou coniques et en pavés. On remarque derrière les yeux, sur la tête, des évents, ouvertures destinées à l'expulsion de l'eau. L'estomac est large, l'intestin est court, mais présente un repli de la muqueuse, ou valvule spirale. **Circulation.** Le cœur présente un cône musculeux séparé du ventricule et garni de 2 à 5 rangs de valvules. **Système nerveux.** Les lobes cérébraux sont gros et présentent des apparences de circonvolutions, et le cervelet recouvre en partie le 4e ventricule. L'œil est pourvu de paupières et d'une membrane nictitante qui n'existe que chez quelques Plagiostomes.

Autog. C. Laroche & ses Fils, 11 rue Madame, Paris.

Poissons cartilagineux (Suite). — **Odorat.** On remarque des fosses nasales à la partie inférieure du museau, elles ne communiquent pas avec la cavité buccale, mais intéressent quelquefois le bord libre de la lèvre. Le sens de l'olfaction est très-développé. Les organes de l'ouïe sont assez compliqués. Un labyrinthe cartilagineux communique d'une part avec l'extérieur. Un orifice fait communiquer le labyrinthe membraneux avec l'extérieur. Ces orifices, 2 de chaque côté, se voient sur le crâne, l'antérieur correspond au labyrinthe membraneux et le postérieur au labyrinthe cartilagineux. **Reproduction.** Les organes reproducteurs des Chondroptérygiens sont plus complets que ceux des Téléostéens. Les testicules formés par la réunion de tubes séminifères terminés en ampoule, sont reliés par un épididyme aux canaux déférents qui ont à leur extrémité postérieure une petite vésicule séminale. Entre les deux orifices de ces canaux déférents dans le cloaque, est une sorte de verge non érectile, creusée de deux gouttières qui reçoivent le sperme. L'organe femelle ne présente rien de particulier, il est analogue à celui des ganoïdes. On prétend qu'il y a une sorte d'accouplement. Les œufs sont moins nombreux que chez les téléostéens. Ce sont des sortes de coques plus ou moins aplaties, présentant généralement 4 angles; et chacun de ces angles possède un appendice qui s'enroule à la base des algues. On peut diviser les poissons cartilagineux de la manière suivante :

I. Sélaciens. Corps présentant des nageoires pectorales et ventrales, généralement 5 paires de poches branchiales, bouche transversale située sur la face ventrale; intestin pourvu d'une valvule spirale; cœur ayant un bulbe dit artériel, muni de plusieurs rangées de valvules. Nerfs optiques ne se croisant pas mais formant chiasma.

- **Holocéphales ou Chimères.** Corde dorsale persistante, avec des anneaux osseux, 4 poches branchiales s'ouvrant par 4 ouvertures séparées, mais recouvertes par un repli membraneux et par un opercule rudimentaire. Chimera.
- **Plagiostomes.** Corde dorsale très réduite; 5 paires d'orifices branchiaux (quelquefois 6 ou 7); bouche éloignée du bout du museau.
  - **Squales.** Plusieurs rangées de dents en poignard, corps effilé, orifices branchiaux sur les côtés du cou. Scyllium, roussettes; Lamna, lamies; Carcharias, requins; Zygæna, marteaux, yeux portés par deux appendices céphaliques; Scymnus, Lichia, leiches.
  - **Raies.** Corps aplati muni d'évents; orifices branchiaux sur la face ventrale, pas de nageoire anale; nageoires pectorales très-développées, peau nue, rude ou couverte de plaques osseuses épineuses, queue longue, filiforme, portant souvent un grand aiguillon dont la blessure est dangereuse. Pristis, scies, museau prolongé en une lame sur les bords de laquelle sont implantées des dents. Torpedo torpilles, possèdent un appareil électrique composé de colonnes verticales entre la tête, les branchies, et les nageoires ventrales. Raja, raies.

2. Cyclostomes ou Marsipobranches. Corps vermiforme: dépourvu de nageoires pectorales et ventrales; 6 à 7 paires de branchies en forme de bourse. Bouche circulaire, ou demi-circulaire privée de mâchoire; présentant des dents et une ventouse. Les larves sont aveugles et dépourvues de dents, on en avait fait le genre Ammocœtes. Petromyzon, lamproie, 2 pieds de long.

Leptocardes. Amphioxus ou Branchiostome. Ce genre est généralement placé à la fin des poissons; l'amphioxus est le plus simple et le plus dégradé des vertébrés. C'est un animal allongé, de 5 à 6 centimètres, qui vit dans les sables des côtes de l'Atlantique et de la Méditerranée. L'extrémité caudale est en forme de lancette. La corde dorsale s'étend dans toute la longueur du corps, elle est cartilagineuse et entourée d'une mince enveloppe; la moëlle nerveuse repose sur cette corde dorsale, et repose sur une série longitudinale de disques comparés aux apophyses épineuses des vertébrés supérieurs. La moëlle n'est pas renflée au cerveau; elle émet des filets nerveux de distance en distance. On remarque en avant de la moëlle une tache oculiforme impaire. La bouche est large, de la forme d'une fente longitudinale et est bordée de tentacules ciliés. La cavité pharyngienne est grande, ses parois sont perforées de fentes latérales parallèles, bordées de cils vibratiles, destinés à laisser passer l'eau introduite par la bouche et qui a servi à la respiration. Le tube digestif est simple, sans replis et s'ouvre au dehors par l'anus. En avant de l'anus se voit un orifice qui conduit dans une chambre contenant le sac pharyngien. Le cœur manque, l'appareil circulatoire rappelle à la fois celui des embryons des vertébrés et celui des vers. Les organes reproducteurs sont portés par des individus différents. Les testicules et les ovaires sont des glandes quadrilatères disposées sur un seul rang de chaque côté de la cavité générale. Les amphioxus rappellent par la plupart de leurs caractères les ascidies.

Autog. C. Laroche & ses Fils, 11, rue Madame, Paris.

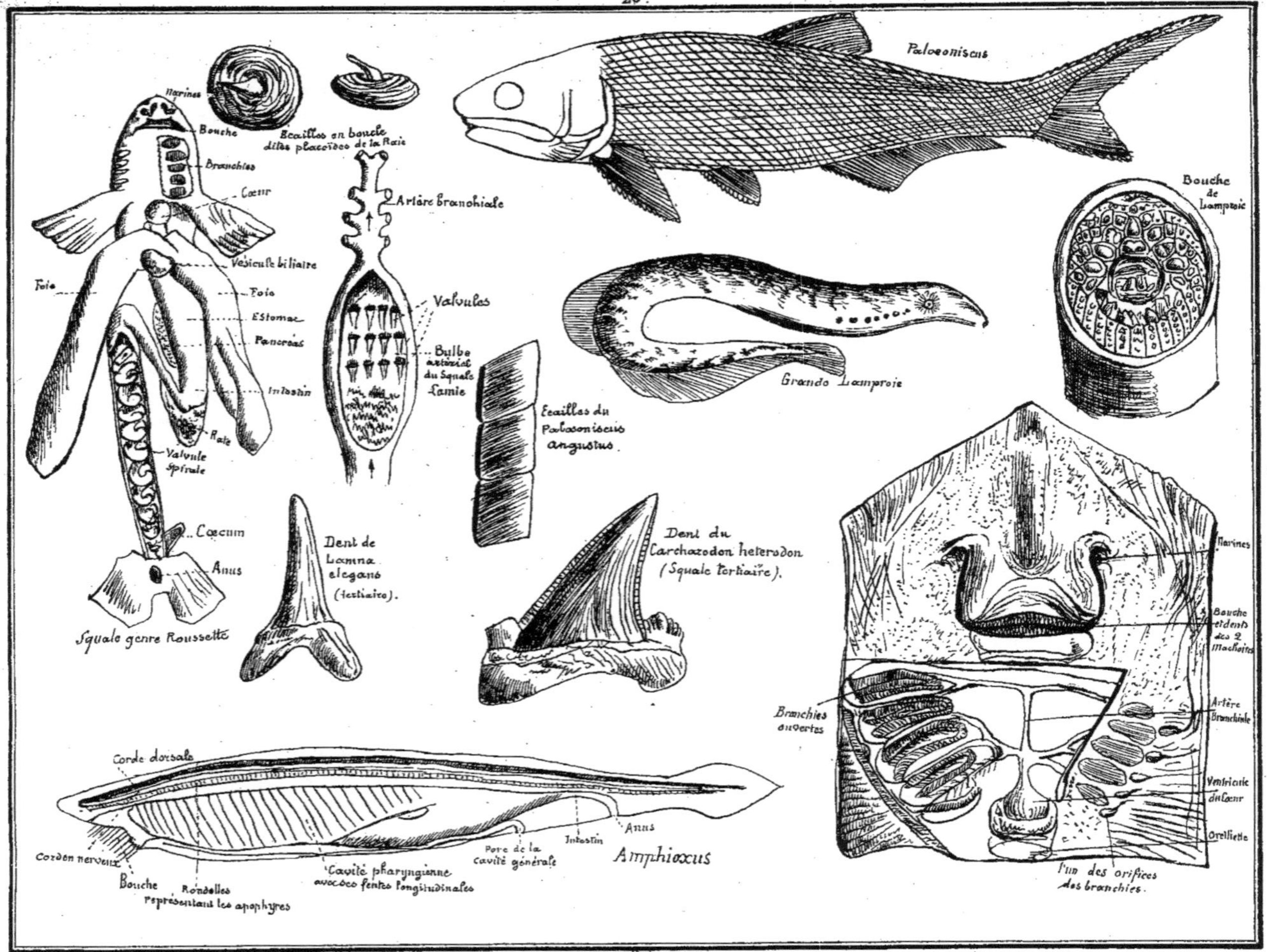

Paloeoniscus

Bouche de Lamproie

Narines

Bouche

Branchies

Cœur

Vésicule biliaire

Foie

Foie

Estomac

Pancréas

Intestin

Rate

Valvule spirale

Cœcum

Anus

Squale genre Roussette

Ecailles en boucle dites placoïdes de la Raie

Artère Branchiale

Valvules

Bulbe artériel du Squale Lamie

Grande Lamproie

Ecailles du Paloeoniscus angustus

Dent de Lamna elegans (tertiaire).

Dent du Carcharodon heterodon (Squale tertiaire).

Narines

Bouche et dents des 2 Machoires

Artère Branchiale

Branchies ouvertes

Ventricule du Cœur

Oreillette

l'un des orifices des branchies.

Corde dorsale

Anus

Intestin

Pore de la cavité générale

Amphioxus

Cordon nerveux

Bouche

Rondelles représentant les apophyses

Cavité pharyngienne avec ses fentes longitudinales

IMP. H. DE BORNIOL. 68. R. DES Sts PÈRES. PARIS.

www.ingramcontent.com/pod-product-compliance
Ingram Content Group UK Ltd.
Pitfield, Milton Keynes, MK11 3LW, UK
UKHW020523230726
13925UKWH00005B/2226

9 782013 614641